网络赢生手记

Photoshop 平面设计入门与应用

环博文化　编著

机械工业出版社

全书共有 8 章，分别介绍了平面设计师网赚基础知识、快速掌握 Photoshop 设计技能、标志设计与应用、广告宣传单页设计、车体广告设计、平面实物创意设计、产品包装设计和网页美工设计。要想成为一名平面设计师从事网络兼职的工作，掌握 Photoshop 这款软件的操作技能是非常有必要的。

本书定位于平面设计初学者，适合网络兼职平面设计师学习使用。书中内容以一个平面设计初学者的学习过程来安排各个知识点，并融入大量操作技巧，让读者能学到最实用的知识，迅速掌握 Photoshop 的使用方法。本书适合各类培训学校、大专院校、中职中专学校作为相关课程的教材使用，也可供平面设计人员学习和参考。

图书在版编目（CIP）数据

Photoshop 平面设计入门与应用 / 环博文化编著. —北京：机械工业出版社，2013.1

（网络赢生手记）

ISBN 978-7-111-40654-9

Ⅰ. ①P… Ⅱ. ②环… Ⅲ. ①平面设计—图象处理软件 Ⅳ. TP391.41

中国版本图书馆 CIP 数据核字（2012）第 288116 号

机械工业出版社（北京市百万庄大街 22 号　邮政编码 100037）

策划编辑：丁　诚

责任编辑：丁　诚

责任印制：乔　宇

保定市中画美凯印刷有限公司印刷

2013 年 1 月第 1 版 • 第 1 次印刷

184mm×260mm • 12.5 印张 • 306 千字

0001—3500 册

标准书号：ISBN 978-7-111-40654-9

　　　　　ISBN 978-7-89433-759-7（光盘）

定价：49.80 元（含 1CD）

凡购本书，如有缺页、倒页、脱页，由本社发行部调换

电话服务　　　　　　　　　　　　网络服务

社服务中心：（010）88361066　　教材网：http://www.cmpedu.com

销售一部：（010）68326294　　机工官网：http://www.cmpbook.com

销售二部：（010）88379649　　机工官博：http://weibo.com/cmp1952

读者购书热线：（010）88379203　　**封面无防伪标均为盗版**

前　　言

为了能让读者迅速掌握相关应用软件的使用方法，从事网络兼职实现网赚的目标，特为广大读者推出了这套“网络赢生手记”丛书。本丛书针对热门实用的行业选择简单易学的软件，从入门到精通的进程精心选择实例进行编写，其宗旨就是让读者全方位掌握相关软件的应用，为广大读者提供掌握计算机应用技能的捷径。丛书的版式新颖，知识与实例相结合，为读者节省了学习的时间。

本套丛书的特点总结如下：融会行业知识，内容丰富实用；精选商业实例，提高动手技能。

本书作为《网络赢生手记》系列之一，主要介绍的是使用于平面设计行业的 Photoshop 软件实现产品的平面设计和包装设计。掌握 Photoshop 设计技能，成为一名出色的平面设计师不失为是一个好的选择。本书所选实例均源自设计行业的实际应用，制作过程以突出理论知识为基础，创意与实用性并行，是平面设计师的最佳学习参考书。

全书共有 8 章：

第 1 章讲解平面设计师网赚基础知识，要在网络兼职中一展身手，不仅要求平面设计师掌握基本的网络知识，而且还必须掌握平面设计的一些网赚的方法和技巧，本章将从这些方面进行阐述。

第 2 章重点阐述如何快速获得 Photoshop 设计技能，为实现您网赚的第一桶金打下基础。Photoshop 功能强大、操作简单直观。它既可以用来设计图像，也可以修改和处理图像。

第 3 章不仅详细介绍了标志设计的理论，而且列举了一些典型实例。通过这些案例的讲解，让您在边学边练中迅速掌握标志设计的要点。

第 4 章通过宣传单页的创意指导设计、文字的应用等方面加以阐述，同时配以简明的实例，让您在轻松练习中获得明显的进步。

第 5 章重点阐述了车体广告的创意创新，车体广告表现形式，以及车体广告的制作技术和流程等。

第 6 章结合机械手表的实例具体而详细地阐述平面实物创意的设计要点。如果要把创意转换成实实在在的形式，就需要设计人员充分利用 Photoshop 的图像编辑、图像合成、校色调色及特效制作的功能。

第 7 章运用一些包装实例，对产品的包装设计知识做详细而具体的阐述。包装设计涵盖产品容器设计、产品内外包装设计、吊牌设计、标签设计、运输包装以及礼品包装设计、拎袋设计等是产品提升和畅销的重要因素。在对它们进行设计时，要强调设计的装饰性，大胆运用鲜艳的色彩及醒目的文字，以传统文化作为包装设计源来进行作品创作，要追求风趣、幽默的境界，要融入历史、装饰义、折衷及隐喻设计的倾向性。

第 8 章对网站设计的要点、网页设计的流程等方面做一些专门而详尽的描述。网页设计作为一种视觉语言，特别讲究编排和布局，虽然主页的设计不等同于平面设计，但它们有许多相近之处。

本书由环博文化的技术团队编写而成，其中陈益材、朱明岭负责主编策划工作，王亚非、张勇、朱文军、叶芳、孙楠、隋丽、刘蔚萱、高雨、张学军等参与了编写工作。由于作者水平有限，本书疏漏之处在所难免，欢迎各位读者与专家批评指正。

编　者

目录

前言

网上赚钱=最小的投入+最大的收获

第 1 章　平面设计师网赚基础知识

第 2 章　快速掌握 Photoshop 设计技能

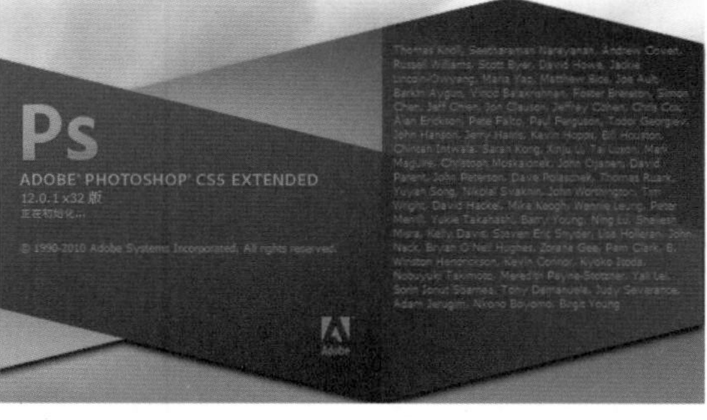

第 3 章　标志设计及应用

第 4 章　广告宣传单页设计

第 5 章　车体广告设计

目录

第 6 章　平面实物创意设计

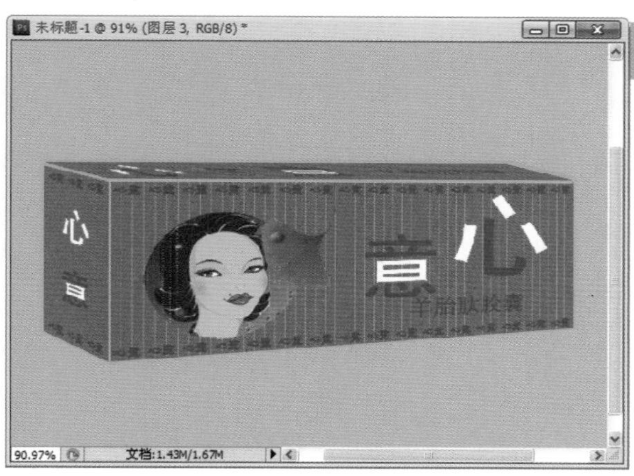

第 7 章　产品包装设计

第 8 章　网页美工设计

第1章

平面设计师网赚基础知识

随着生活的发展，人们对于视觉的要求越来越多，对美的追求日益提高，在这种趋势下，平面设计也逐渐走进人们日常生活中。伴随着网络的发展，平面设计也逐渐成为网络兼职项目中一朵奇葩，逐步发展和演变，经历了市场的考验，慢慢成熟和稳健。而要在网络兼职中一展身手，不仅要求平面设计师掌握基本的网络知识，而且还必须掌握平面设计的一些网赚的方法和技巧。本章将从这些方面进行阐述。

网上赚钱=最小的投入+最大的收获

1.1 Photoshop 设计技能网赚入门基础

随着科技的发展，时代的进步，充分使用自己的智慧，赚取额外的收入的方法越来越多，从生活中实实在在的交易再到网上交易的进步给我们带来很多便捷的新通路。通过本节的学习，平面设计师可以找到很多从网上赚钱的渠道，从而轻松的实现在互联网上接活的目的，实现我们网赚的目标。

1.1.1 网赚兼职简介

网络兼职是一新兴的词语，通常也简称为“网赚”。确切的说随着网络的发展，兼职的平台已经延伸到了网络中，并且蓬勃发展，日新月异，为众多想创造更多价值的人提供了一条全新的实现自己目标的领域。

那么网络兼职赚钱有无发展前景，市场潜力有多大，适合做什么？很多读者可能都会问这样的问题。就目前的发展形势来看，网络市场的发展空间是非常大的，迄今为止，中国网民已突破 3 亿，手机上网用户达到 1.55 亿。由此可见，网络兼职这个行业可发展性极强。网络兼职的真正概念是“小型家庭办公室”的意思，也就是 SOHO(Small Office Home Office)。起源于美国 20 世纪 80 年代中后期，相信不少朋友也有所耳闻。

随着网络科技的发展，网络兼职也在逐步发展和演变，从最初的单一化到现在的形式多元，经历了市场的考验后慢慢变得成熟和稳健，相信在未来的网络中定能够诞生无数 SOHO 成功者。就目前而言，在网络上兼职开淘宝店，或兼职提供各式各样的平面设计服务已成为网络兼职最可行的两种模式。

1.1.2 兼职需要的条件

网络兼职的最大优势就是“网上赚钱=最小的投入+最大的收获”，显而易见，通过互联网平台，只需要简单的投入，即可以得到很多的收获。但不是所有的人都适合在网络兼职的，想要网络兼职需要具备一定的条件。

1. 网络兼职的职业要求

（1）想实现网络兼职，首先要具备上网的条件，如在家中、办公室、网吧等地可以方便进行上网操作。

（2）要有一定的时间在网上经营，每天能有 1～2 小时上网时间最合适，任何生意都是需要投入时间成本的。

（3）要有一定的网络应用的基础，例如，会上论坛发贴子、发电子邮件、与客户 QQ 沟通，最好是具备某个行业的一定计算机设计技能，如平面设计等。

2. 适合网络兼职的人群

那么哪些人最适合在网络兼职呢？下面就做个简单的介绍。

（1）办公室白领

每月有固定收益，薪水受限，但又不满足于现状，希望过上更幸福的生活者，如平面设计师等，非常适合在网络兼职。这类兼职人员由于日常能够完成很多固定的工作，有一定的空余时间，挺适合在网络兼职开个网店卖点小东西。

（2）大学生

有较强的上进心，但由于就业形式，承受着竞争压力，并正在寻求创业之路者。大学生网络兼职其实是最合适的，它不但可以提高自己的动手技能，也能提前适应社会，掌握一些人际关系，并获取一定的劳务费用。大学生同样适合开些小网店，但如果能有一技之长，跳出产品买卖的红海商圈，那么网络兼职做计算机相关的设计活是最合适不过了。

（3）长期在线的网虫

花大量时间聊天、灌水、玩游戏，不觉得太浪费吗？只要从中抽小部分时间即可。这类兼职人员可以卖买游戏币，点击广告赚钱，这样在游戏中赚钱也是一份乐趣。

（4）其他人士

下岗后想再就业者，或无所事事者，想创业但无资金实力者，可以尝试学习网络知识，结合自己原来的工作技能在网络上寻找自己的新事业。

1.1.3 寻找网络商机

从上文我们了解了网络兼职的基础后，那么作为网络兼职的一分子——平面设计师又该如何在网络兼职中赚取更大的收益，获得更多的机会呢？作为平面设计师来说，最关心的就是如何在网上寻找该类设计活的途径了。互联网给大家提供了一个广阔无地理区域限制的交流平台，任何供求信息都可以在互联网上发布并找到，特别是搜索引擎的出现。同时一些专业供求平台的出现，更是方便了大家寻找到商机。就目前而言，想在互联网上找到平面设计的网络商机，主要可以从如下几个方面着手去挖掘市场。

1. 使用搜索引擎搜索

通过搜索引擎网站搜索进行搜集信息，可以快速地找到大量相应的兼职信息。如打开搜索引擎网站百度，在“关键词”文本框中输入需要寻找的兼职信息“招平面设计”，如图 1-1 所示。

图 1-1 使用百度搜索

输入关键词后，单击“百度一下”按钮，即可以弹出大量的求兼职信息，如图 1-2 所示。

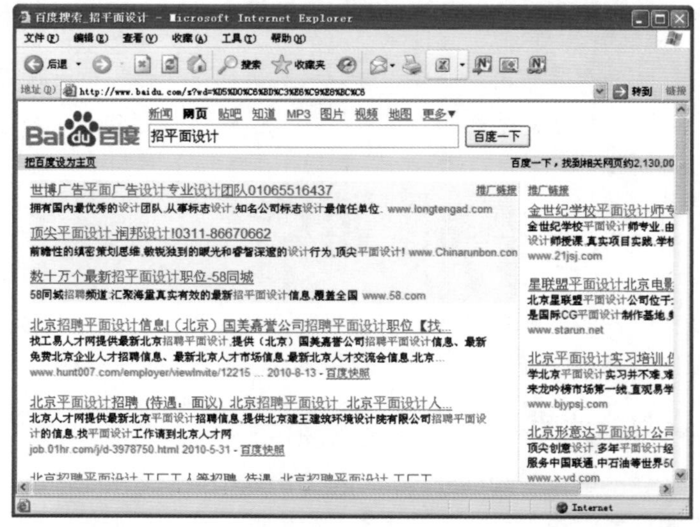

图 1-2　搜索到的求兼职信息

这里单击第 4 条信息，即可以打开详细的信息内容，可以看到客户的设计要求和一些基本情况，以及设计完成后给的酬劳价格。

2．到专业供求信息平台发布求兼职信息

在搜索引擎网站上可以搜索到发布的信息，所以一些公司需要寻找兼职的设计人员时，同时会使用搜索引擎网站进行检索。这就需要在一些供求信息的兼职栏目里发布自己的求兼职的信息，如大家熟悉的“赶集网”，“263 北京信息平台”，“站台”等等。如图 1-3、图 1-4 所示。当然还有一些更专业化，概念化的一些网站，如威客网中的“猪八戒网”等。

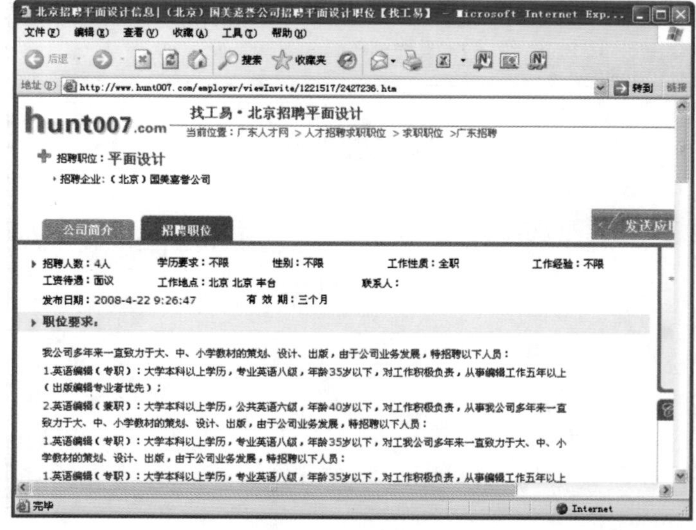

图 1-3　兼职的详细信息

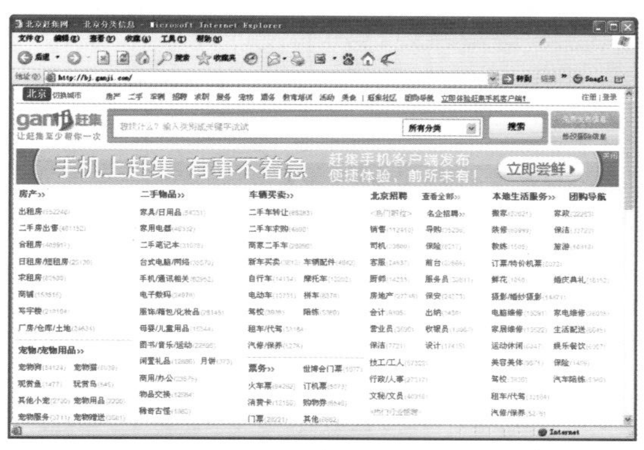

a)

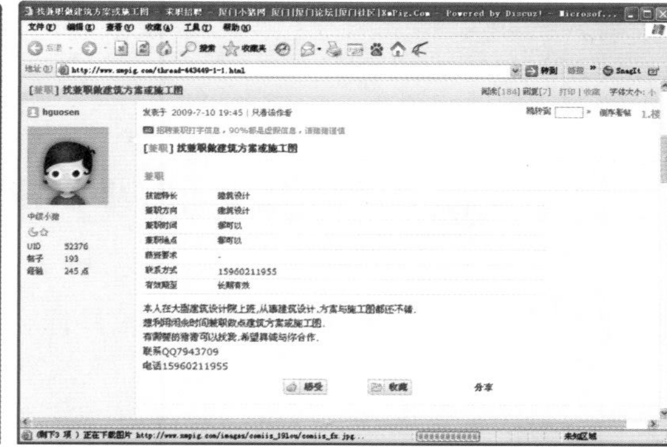

b)

■图 1-4　发布个人求兼职信息

3．登录专业相关企事业单位

对于平面设计而言，更多的老板还是相信一些大的广告公司，特别是一些大型的平面设计都会找这些知名的广告公司来完成。但在实际的操作中，一些广告公司往往对一些小设计活不会亲自设计，往往采取外包的形式。因此，平面设计师是需要经常光顾这些网站，留意他们发布的最新兼职信息。这样日久天长，在和客户沟通时，就可以拿出像样的一些作品。

■图 1-5　经常访问一些知名设计院的门户网站

4．包装自己扩大影响力

任何经营想要有市场，都是需要经过包装的。做技术兼职这一行可以成立自己的平面设计工作室，设计名片，如果有网页设计技能更可以设计自己的个人网站，发布一些得意作品和创意心得。尽量积累一些作品，如果是刚开始兼职创作，可以先设计一些虚拟的作品。客户在委托设计时基本上是会看设计师的作品的。其次，可以通过关系网，从周围的朋友开始做起。关系网是寻找兼职工作的宝贵的捷径，一个性格外向，善于交际的人往往做事让人放心，所以很多人都喜欢把事情交给这样的人去办。有很宽广的关系，很多时候都会有熟人打电话来主动请你去做兼职工作。

5．积累一定的经验，掌握面试技能

掌握面试技能，不管是电话测试还是当场沟通，你都要把握好自己讲话的力度，要用最完美、专业的语言让对方决定用你。作为一个职业的平面设计师并不是掌握 Photoshop 就够的，还需要设计师平常不断学习平面方面的知识，掌握平面设计的经验，会配色，并能给客户提供专业的指导意见。建议读者可以浏览一些知名设计师的设计作品，掌握一些概念以备用。

1.2 兼职设计师必须掌握的知识

平面设计师最需要掌握的基础技术是什么？下面将做一些介绍：

1．字体。无论是标志还是排版，都必须注意字体。作为标志，有时图形是次要的，而字体可以解决很多问题。平面设计师需要努力学习，掌握字体的设计。一切都离不开版式，一切版式都离不开字体。作为东方文化最杰出的代表——中文字体，需要好好琢磨。一开始，最好先想到是宋体还是黑体，特殊的情况下，才去考虑是否选用这两大字体之外的字体。简单的讲，宋体很严谨，很庄重，也很尊贵；黑体，很现代，很整齐，也很简约。

其次，字间距最好小于常规间距。以“0”为标准，最好取“-50”，这适用于标题类字体排版，作为大面积的正文排版，同样需要稍微缩小字间距，稀疏的间距不但不能完成轻松阅读的任务，反而会让眼睛疲惫。把握“紧凑”和“稀疏”的区别。

最后，字体的高度。最好压一压，就是压扁一些，这样汉字看上去，会更像汉字一些。

2．版式。如果功力不够，或者时间不够，最好采用稳妥的排版方式。记得，在商业设计中，不要轻易尝试夸张的跳跃性版式，那些看上去愈随意愈凌乱的优秀作品，需要的时间愈多，也需要非常扎实的构成功底，同时需要处理所有已经出现的细节，并且要创造更多的细节。一个平面里，两个元素的距离可以扩展到无限大，但不能让它们跑出界。越乱，越难，而不是反之。因为客户是付费的，所以如果设计师功力尚浅，就不要冒险。一个简单的测试是，一张白纸上，有两个圆点，想一想，如何处理两点的大小和距离，可以让这张纸看上去紧绷的快要破裂？如果可以制造出这样的视觉效果，就可以去创造那些复杂的版式。

3．回到“稳重”的版式上来，最重要的一点是：节奏。

什么叫节奏？因为不同，所有产生了节奏。对比，反差，无论是面积也好，色彩也好，结构也好，不要什么都一样，也不要什么都不一样，否则，就没有节奏可言。可以用音符如何产生旋律来理解排版中的“节奏”。

4．色彩。如果想提高，就尽量抛弃正统的红黄蓝绿吧。色彩的感觉，基本上靠天赋。但也可以培养，如果爱看电影，可多留意大师们的电影，看看里面的用色。就拿常见的来说，看看一些精彩的电影，每一部，就是一本色彩学。平面设计中，色彩是什么？色彩不是红黄蓝绿，色彩是情绪，每一种色彩的选用和调制，就是每一种心情的表达。所以，最重要的一点是，设计师必须是个非常感性的人。

除了以上最基础的知识以外，兼职设计师还须掌握以下相关知识：

1.2.1 色光三原色

RGB 是色光的彩色模式，如图 1-6 所示。R 代表红色，G 代表绿色，B 代表蓝色。因为三种颜色每一种都有 256 个亮度水平级，所以三种色彩叠加就能形成 1670 万种色彩了（俗称“真彩”）。这已经足以再现这个绚丽的世界了。

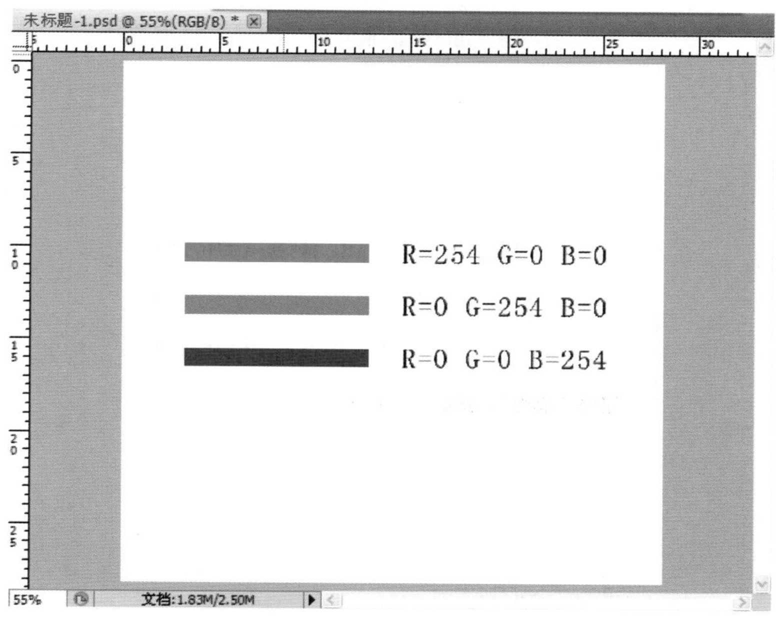

图 1-6 Photoshop 中的 RGB 色彩颜色

RGB 模式因为是由红、绿、蓝相叠加形成其他颜色，因此该模式也叫加色模式（CMYK 是一种减色模式）。在该彩色模式下，每一种原色将单独形成一个色彩通道（Channel），在各通道上颜色的亮度分别为 256 阶，由 0～255。再由三个单色通道组合成一个复合通道——RGB 通道。图像各部分的色彩均由 RGB 三个色彩通道上的数值决定。当 RGB 数值均为 0 时，该部分为黑色；当 RGB 色彩数值均为 255 时，该部分为白色。就编辑图像而言，RGB 彩色模式是首选的彩色模式，Photoshop 中所有图像编辑的命令都可在 RGB 模式下执行。因为他可提供 1670 万种颜色。即所谓的“真彩”，足以将图像显示得淋漓尽致。因此在 Photoshop 中将 RGB 模式作为预设的模式。

虽然编辑图像 RGB 彩色模式是首选的彩色模式，但是在印刷中 RGB 模式就不是最佳的了。因为 RGB 模式所提供的有些色彩已经超出了打印色彩范围之外，因此在打印一幅真彩的图像时，就必然会损失一部分亮度，并且比较鲜明的色彩肯定会失真的。这主要因为打印所用的是 CMYK 模式，而 CMYK 模式所定义的色彩要比 RGB 模式定义的色彩要少得多。在打印时，系统会自动将 RGB 模式转化为 CMYK 模式，这样就不可避免地损失一部分色彩和减轻一定的亮度了，因此打印后的失真现象将十分地严重。

荧幕显示的色彩是由 RGB（红，绿，蓝）三种色光所合成的，必须利用减色法来计算混合后的色彩，色光越多越接近白色。

1.2.2 印刷四原色

CMYK 模式是一种减色模式，如图 1-7 所示。它适合于印刷。当阳光照射到一个物体上时，这个物体将吸收一部分光线，并将剩下的光线进行反射。反射的光就是人们所看到的物体的颜色。这是一种减色模式，是与 RGB 彩色模式的根本不同之处。不但人们看物体的颜色时用到了这种减色模式，而且在纸上印刷时应用的也是这种减色模式。

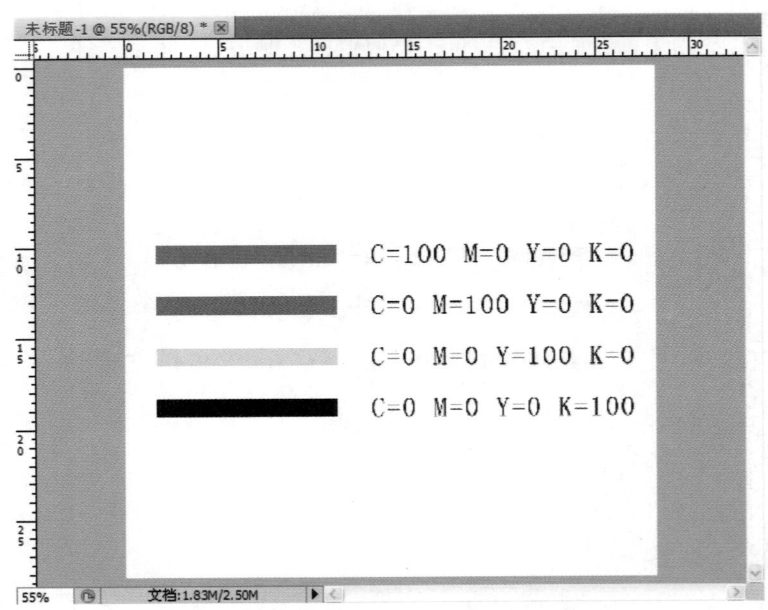

图 1-7 Photoshop 中的四原色 C.M.Y.K

CMYK 即代表印刷上用的四种油墨色：C 代表青色，M 代表品红色，Y 代表黄色。在实际应用中，以上三色很难形成真正的黑色，最多不过是褐色，因此又引入了 K——黑色。黑色用于强化暗部的色彩。在 Photoshop 中这种彩色模式就形成了四个色彩通道，最后又由这四个通道组合形成了一个综合通道。因此如果是放在网页上的图片，直接用 RGB 模式就已经可以了；如果是教程、广告上的需要打印出来的图片，就可以先用 RGB 模式编辑，再用 CMYK 模式打印，或是直接到印刷前再转换，然后加以必要的校色、锐化和修饰。这样虽然 Photoshop 在 CMYK 模式下慢了许多，但还是可以节省大部分编辑时间的。

在转换的过程中，Photoshop 实际是先将图像由原先的 RGB 彩色模式转换成 Lab 彩色模式，再产生一个最终的 CMYK 色彩的模式。在其中难免会增减光点和损失一些品质，因此最好在转换之前先将原稿备份。而在 RGB 与 CMYK 彩色模式之间来回多次转换也是不提倡的，它们之间的转换并不是完全可逆的。

印刷色彩由 CMYK 四色油墨产生不同于电子影像，可以利用加色法，混合三色最后会得到黑色（K）。

1.2.3 数位色彩

数位影像的色彩是经由位（bit）的计算和组合而来，单纯的黑白图像是最简单的色彩结构。在计算机上用到 1bit，虽然说只表示黑色和白色，但仍能透过疏密的矩阵排列，将黑与白组合成近似视觉上的灰色调阶。

灰阶（Grayscale）的影像共有 256 个阶调，看起来类似传统的黑白照片。除黑，白二色之外，尚有 254 种深浅的灰色，计算机必须以 8bit，显示这 256 种阶调。

全彩（Full Color）是指 RGB 三色光所能显示的所有颜色，每一色光以 8bit 表示，各有 256 种阶调，三色光交互增减，就能显示 24bit 的 1677 万色，这个数值就是计算机所能表示的最高色彩，也就是通称的 RGB 真彩色。

8 位色是指具有 256 种阶调，或 256 种色彩的影像。若要把 24 位的全彩图片转成 256 色的 8 位，通常必须经过索引（Indexed）的步骤，也就是在原本 24 位的 1677 万色中，先建立颜色分布表（Histogram），然后再找出最常用的 256 种颜色，定义出新的调色盘，最后再以新色盘的 256 色取代原图。

1.2.4 用合适模式编辑图像

当打开一幅图像时，它可能是 RGB 格式的，也可能是 CMYK 格式的。如果是 CMYK 图像，转换为 RGB 图像的理由就很不充分。因为在点阵图像编辑软件中，每进行一次图像色彩空间的转换，都将损失一部分原图像的细节信息。如果将一幅图像一会儿转成 RGB，一会儿转成 CMYK，则图像的细节损失将是很大的，如右图 1-8 中计算机的色彩转换印象。所以，专业的设计人员不会将图像的色彩空间轻易来回转换。

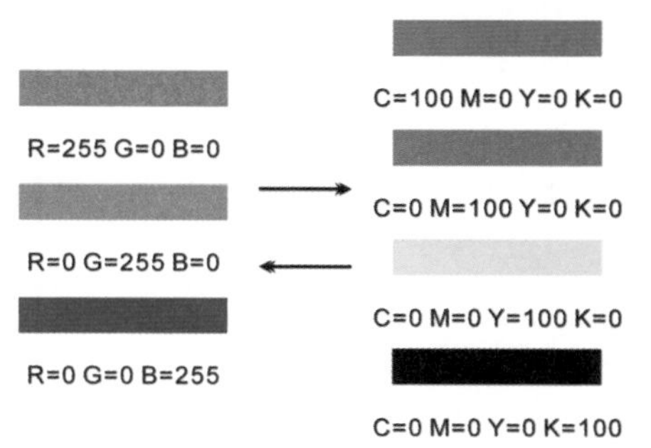

图 1-8　彩色模式转换

现在的问题如下：

1）如果图像输入过程允许选择 RGB 格式或 CMYK 格式，做何选择最好？

2）当先选择了 RGB 格式，进行图像的各项调整时，何时将图像转换为 CMYK 格式最恰当？

RGB 是所有基于光学原理的设备所采用的色彩方式。例如显示器，是以 RGB 方式工作的。而 RGB 的色彩范围要大于 CMYK，所以 RGB 能够表现许多颜色，尤其是鲜艳而明亮的色彩，根本就印不出来。这就是当把彩色模式从 RGB 转化到 CMYK 时画面会变暗的原因。在 Photoshop 中编辑 RGB 图像时，可以选择“视图”菜单中的“工作中的 CMYK”命令。也就是说，用 RGB 方式编辑，而以 CMYK 方式显示。这算是一种好方法，因为用 RGB 方式编辑图像的效率远比用 CMYK 方式要高。Photoshop 在 CMYK 方式下工作时，一方面因色彩通道比 RGB 多出一个，另外，它还要用 RGB 的显示方式来模拟出 CMYK 的显示器效果，并且 CMYK 的运算方式与基于光学的 RGB 原理完全不同，因此用 CMYK 方式编辑图像的效率自然要低多了。

另一个用 RGB 方式编辑图像的理由是，有些过滤器不支持 CMYK 模式，可以在 Photoshop 中将图像转成 CMYK 模式，然后看看过滤器菜单。还有，图像的编辑往往经过许多细微的过程，比如可能要将几幅图像中的内容组合到一起。并且由于各组成部分的原色调不可能相同，需要对它们进行调整，也可能要使各部分以某种方式合成，并进行过滤器处理，等等。不论过程是什么，肯定会希望尽可能产生并保留各种细微的效果，尽可能使画面具有丰富的细节，谁喜欢平板而无生气的画面呢？刚才说过，RGB 的色彩范围比 CMYK 要大得多了。所以，当以 RGB 方式编辑图像时，在整个编辑过程中，将得到更宽的色彩空间和更细微多变的编辑效果，而这些效果，如果用得好，大部分能保留下来。虽然最终仍不得不转成 CMYK 并且毫无疑问肯定会有色彩损失，但何必在一开始就让它“损失”呢？

各种印刷机、数字打样设备或计算机监控器复制同一图像的效果应严格相同。在为各设备进行单独分色时这是可能的。因为各复制系统能在青、品红、黄和黑色之间生成稍微不同的混合以产生相似的外观，所以单独分色便使图像在不同的设备上看起来相同。

观察（并测量）这些设备所复制的颜色差别的主要方法是测量产生中性灰所需要的青、品红和黄的量，这称之为复制系统的灰平衡。如果图像转换为 CMYK，那么重新使用不同的输出设备，图像就要求调节 CMYK 图像之高光、中间调和暗调网点，并改变总的灰平衡和色彩饱和度。图像中黑色的量很难不损害图像质量而加以改变，但若不修正黑色数据而印刷图像，则会产生不良的结果。

除了 RGB 模式，Photoshop 的 Lab 彩色模式也具备良好特性。RGB 是基于光学原理的，而 CMYK 是颜料反射光线的彩色模式。Lab 的好处在于它弥补了前面两种彩色模式的不足。RGB 在蓝色与绿色之间的过渡色太多，绿色与红色之间的过渡色又太少，CMYK 在编辑的过程中损失的色彩则更多。Lab 在这些方面都有所补偿。Lab 也由三个通道组成，L 表示照度，它控制亮度和对比度，a 通道包括的颜色从深绿（低亮度值）到灰色（中亮度值）到亮粉红色（高亮度值），b 通道包括的颜色从亮蓝色（低亮度值）到灰色到焦黄色（高亮度值）。与 RGB 模式相似，色彩的混合将产生更亮的色彩。只有照度通道的值才影响色彩的明暗变化。你可以将 Lab 看作是两个通道的 RGB 模式加一个亮度通道的模式。

Lab 模式是与设备无关的，可以用这一模式编辑任何一幅图像。并且与 RGB 模式同样快，比 CMYK 则快好几倍。Lab 可以保证在进行彩色模式转换时 CMYK 范围内的色彩没有损失。事实上，每当你将 RGB 图像转换成 CMYK 时，Photoshop 会加上一个中间步骤，即转成 Lab 模式。

当然，为了利用色调、饱和度和亮度(HSL)的校色方法，不必将图像转换为 Lab。专业图像编辑程序（如 Photoshop）使 RGB 模式图像可通过调整 HSL 值，包括根据整体或特定基本色或间色中的 HSL 值进行校色。

所以在编辑图像的时候，如果条件允许，尽可能先用 Lab 或 RGB，不得已时才转成 CMYK 模式。而一旦成为 CMYK 图像，就不要轻易再转回来了，实在需要的话，转成 Lab 模式。

1.2.5 色相、色值和饱和度

为了正确地理解和使用颜色，还要了解描述颜色的三个属性：色相、色值和饱和度。

1. 色相（Hue），也叫色泽，也就是是颜色的名称，如红色、黄色、蓝色等等。色相实际上是指一种颜色在色盘上所占的位置，与其名称同义。

色盘，是由 17 世纪物理学家牛顿发明的，它以图解的形式阐述了各种颜色在视觉上和科学上的相互关系。色盘上的颜色排列类似于彩虹状，近似色在色盘上互为毗邻，互补色在色盘上处于互相对称的位置。

要记住下面几点：

1）基色沿圆周排列，彼此之间的距离完全相等，每一种次色都处在产生它的两种基色之间。

2）反之，每一种基色，都处在两种次色之间。比如说要减少图像中的绿色，可以减少黄色和品红色。

3）互补色在色盘上彼此直接相对：红色对着青色，蓝色对着黄色，绿色对着品红色。互补色是彼此之间最不一样的颜色。

4）如果用户要向图像增加某种颜色，其实是减去它的互补色。

2. 色值（Value），是用来描述一种颜色的深浅程度，如浅红还是深红。色值可与色调一词等价，互换使用。色值或色调相同的颜色，在黑白照片中呈现完全同一的灰度。

3．饱和度（Saturation），则是指一种色彩的浓烈或鲜艳程度，饱和度越高，颜色中的灰色组分就越低，颜色的浓度也就越高，通常也用浓度来代替饱和度。高饱和度的色彩通常显得更加富丽、丰满。

1.2.6 图像分辨率

图像分辨率所使用的单位是 ppi（pixel per inch），意思是：在图像中每英寸所显示的像素数目。它是衡量图像细节表现力的技术参数，又指图像中存储的信息量。这种分辨率有多种衡量方法，典型的是以像素数（ppi）每英寸来衡量。图像分辨率和图像尺寸的值一起决定文件的大小及输出质量，该值越大图形文件所占用的磁盘空间也就越多。图像分辨率以比例关系影响着文件的大小，即文件大小与其图像分辨率的平方成正比。如果保持图像尺寸不变，将图像分辨率提高一倍，则其文件大小增大为原来的四倍。

1.2.7 扫描分辨率

扫描分辨率指在扫描一幅图像之前所设定的分辨率，它将影响所生成的图像文件的质量和使用性能，它决定图像将以何种方式显示或打印。如果扫描图像用于 640×480 像素的屏幕显示，则扫描分辨率不必大于一般显示器屏幕的设备分辨率，即一般不超过 120dpi。但大多数情况下，扫描图像是为了在高分辨率的设备中输出。如果图像扫描分辨率过低，会导致输出的效果非常粗糙。反之，如果扫描分辨率过高，则数字图像中会产生超过打印所需要的信息，不但减慢打印速度，而且在打印输出时会使图像色调的细微过渡丢失。一般情况下，图像分辨率应该是网幕频率的 2 倍，这是目前中国大多数输出中心和印刷厂都采用的标准。然而实际上，具体到不同的图像，情况确实各不相同。

1.2.8 网屏分辨率

网屏分辨率（Screen Resolution）：又称网幕频率，指的是打印灰度级图像或分色图像所用的网屏上每英寸的点数。这种分辨率通过每英寸的行数来表示。

1.2.9 图像的位分辨率

图像的位分辨率（Bit Resolution）：又称位深，是用来衡量每个像素储存信息的位数。这种分辨率决定可以标记为多少种色彩等级的可能性。一般常见的有 8 位、16 位、24 位或 32 位色彩。有时我们也将位分辨率称为颜色深度。所谓“位”数，实际上是指“2”的次方数，8 位即是 2 的八次方，也就是 8 个 2 相乘，等于 256。所以一幅 8 位色彩深度的图像，所能表现的色彩等级是 256 级。

1.2.10 设备分辨率

设备分辨率（Device Resolution）：又称输出分辨率，指的是各类输出设备每英寸上可产生的点数，如显示器、喷墨打印机、激光打印机、绘图仪的分辨率。这种分辨率通过 dpi 来衡量，目前，PC 显示器的设备分辨率在 60～120dpi 之间。而打印设备的分辨率则在 360～1440dpi 之间。

表示图像分辨率的方法有很多种，这主要取决于不同的用途。下面所要探讨的，就是在各种情况下分辨率所起的作用，以及它们相互间的关系。

1. 平面设计中分辨率的作用

在平面设计中，图像的分辨率以 ppi 来度量，它和图像的宽、高尺寸一起决定了图像文件的大小及图像质量。比如，一幅图像宽 8 英寸、高 6 英寸，分辨率为 100ppi，如果保持图像文件的大小不变，也就是总的像素数不变，将分辨率降为 50ppi，在宽高比不变的情况下，图像的宽将变为 16 英寸、高将变为 12 英寸。打印输出变化前后的这两幅图，我们会发现后者的幅面是前者的 4 倍，而且图像质量下降了许多。那么，把这两幅变化前后的图送入计算机显示器会出现什么现象呢？比如，将它们送入显示模式为 800×600 像素的显示器显示，会发现这两幅图的画面尺寸一样，画面质量也没有区别。对于计算机的显示系统来说，一幅图像的 ppi 值是没有意义的，起作用的是这幅图像所包含的总的像素数，也就是前面所讲的另一种分辨率表示方法：水平方向的像素数×垂直方向的像素数。这种分辨率表示方法同时也表示了图像显示时的宽高尺寸。前面所讲的 ppi 值变化前后的两幅图，它们总的像素数都是 800×600 像素，因此在显示时是分辨率相同、幅面相同的两幅图像。

2. 印刷输出时分辨率的作用

在计算机中处理的图像，有时要输出印刷。在大多数印刷方式中，都使用 CMYK（品红、青、黄、黑）四色油墨来表现丰富多彩的色彩，但印刷表现色彩的方式和电视、照片不一样，它使用一种半色调点的处理方法来表现图像的连续色调变化，不像后两者能够直接表现出连续色调的变化。为了方便理解半色调点的处理方法，下面都以黑白照片的处理加以分析。用放大镜仔细观察报纸上的照片，可以发现这些照片都是由黑白相间的点构成的，而且由于点的大小有所不同使照片表现出了黑白色调的变化。那么，这些大小不同的点是怎样形成的呢？这个问题的答案可从传统的印刷制版过程原理中找到。根据印刷行业的经验，印刷上所有的 LPI 值与原始图像的 ppi 值有这样的关系，即 ppi 值=LPI 值×2×印刷图像的最大尺寸÷原始图像的最大尺寸。

一般说来，只有遵循这一公式，原始图像才能在印刷中得到较好的反映。印刷中采用的 LPI 值较为固定，通常报纸印刷采用 75LPI，彩色印刷品使用 150LPI 或 175LPI，因此在 1：1 印刷的情况下，针对不同用途，原始图像的分辨率应分别是 150ppi、300ppi 和 350ppi。实际上，常用的桌面打印机也大多采用了半色调点的处理方法，上述公式同样也是适用的，但在打印过程中它们并没有使用一个物理网屏，而是靠数学计算来实现半色调点的处理。在这些打印机中产生的一个半色调点，要靠许多打印点来组成，显然构成一个半色调点的打印点越多，它所能表现的灰度变化范围就越大。比如要模拟 256 级灰度变化，就需要有 16×16=256 个打印点构成一个半色调点。但从另一方面看，对于常用的 360dpi 的打印机来说，此时的行屏幕也就是网线仅为 360/16=22.5 行，这使得打印图像中的行十分明显，同样影响了图像质量。为此，大多数打印机采用了 8×8 的半色调图案，相应的行屏幕为 45LPI。通过公式可算出，对于这些打印机来说，打印图像的分辨率应为 90ppi。

第2章 快速掌握Photoshop设计技能

Photoshop 是美国 Adobe 公司开发的数字图像处理软件。Photoshop 功能强大、操作简单直观。它既可以用来设计图像，也可以修改和处理图像。Photoshop 还可以配合其他一些的输入和输出设备，如扫描仪、数字照相机、打印机。要运用好 Photoshop，不是一朝一夕的事情，但也不是很难的事情。只要掌握好学习的步骤和方法，那么它很快就会成为网络兼职的最佳助手。本章重点阐述如何快速获得 Photoshop 设计技能，为读者实现网赚的第一桶金打下基础。

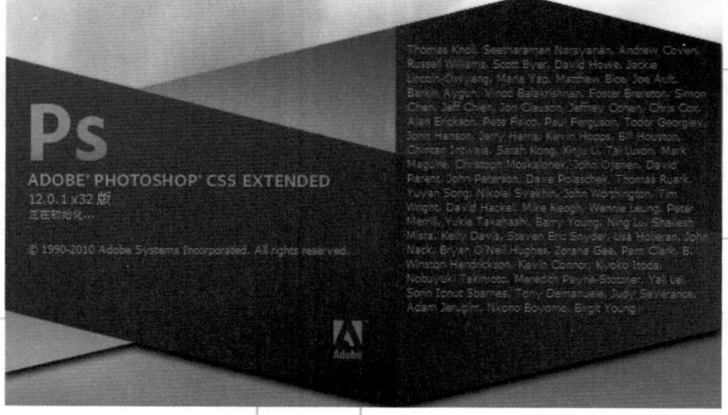

2.1 Photoshop 的安装与配置

拥有一台配置不是很低的计算机就可以安装 Photoshop。安装的过程很简单，只需要按照提示的步骤一步步地安装下去即可。本书以 Photoshop CS5 为例，其他版本的安装过程大同小异。

2.1.1 软件的安装要求

Windows 版本的 Photoshop CS5 系统环境配置要求如下。

- 处理器：Intel Pentium 4/AMD Athlon 64 处理器或更高级别的处理器。
- 操作系统：Microsoft Windows XP(带有 Service Pack 3)、Windows Vista Home Premium、Business、Ultimate、Enterprise（带有 Service Pack 1，推荐 Service Pack 2）或 Windows 7。
- 内存：1GB 以上内存。
- 硬盘：1GB 以上可用硬盘空间用于安装，安装过程中需要额外的可用空间（无法安装在基于闪存的可移动存储设备上）。
- 显示：1024x768 像素屏幕（推荐 1280x800 像素），配备符合条件的硬件加速 OpenGL 图形卡、16 位颜色和 256MB VRAM。
- 某些 CPU 加速功能需要 Shader Model 3.0 和 OpenGL 2.0 图形支持。
- 具备网络连接能力。

2.1.2 软件的安装步骤

了解了 Photoshop CS5 软件的安装要求后，下面详细讲解 Photoshop CS5 的具体安装步骤。

具体的软件安装步骤如下：

STEP 1　将 Photoshop 安装光盘放入光驱，双击 Setup.exe 可执行文件，即可打开初始化对话框，如图 2-1 所示。

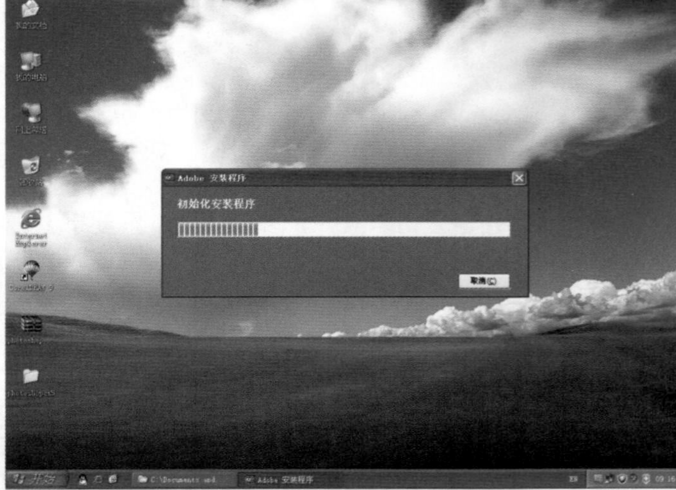

图 2-1　初始化对话框

STEP 2　初始化成功后，弹出“软件许可协议”对话框，在该对话框中单击选择“简体中文”语言安装选项，然后对“Adobe 软件许可协议”做一个简单的浏览，了解一下安装要求，如图 2-2 所示。

STEP 3　浏览后单击“接收”按钮，打开“请输入序列号”对话框，输入正确的序列号后，在“选择语言”下拉列表框中选择“简体中文”选项。如图 2-3 所示。

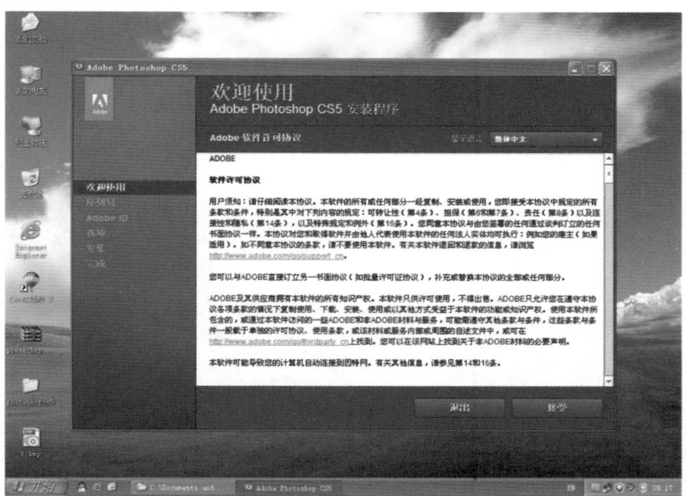

■图 2-2 “许可协议”对话框

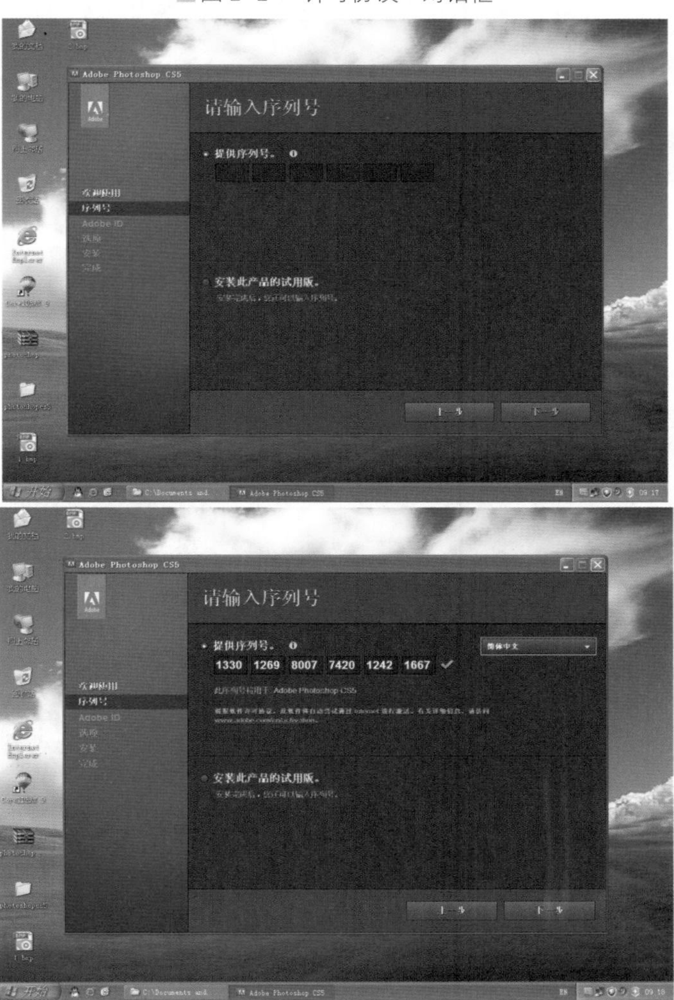

■图 2-3 “输入序列号”和“选择语言”对话框

⊙STEP 4 选择完成后单击“下一步”按钮，打开“输入 Adobe ID”对话框，如图 2-4 所示。

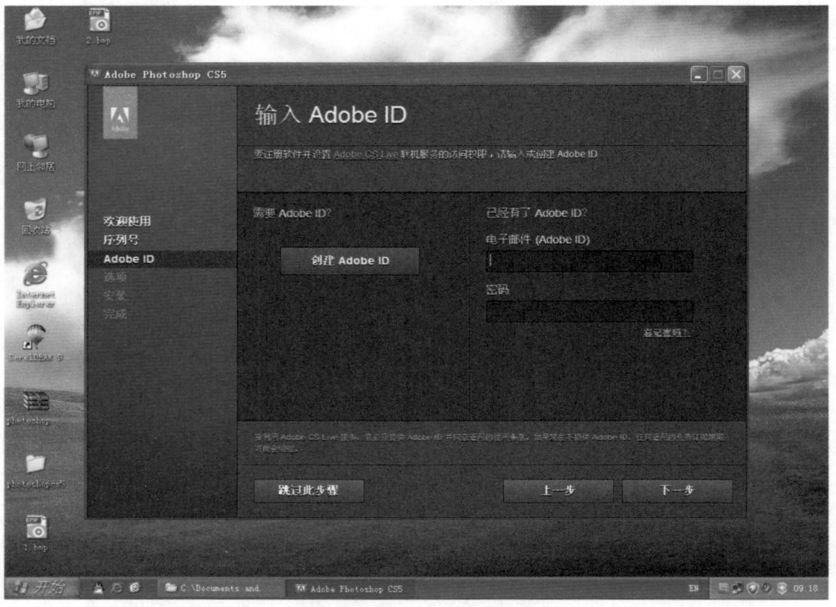

■图 2-4 “输入 Adobe ID”对话框

⊙STEP 5 这里可以不需要输入，所以单击“跳过此步骤”按钮，弹出“安装选项”对话框，如图 2-5 所示。

■图 2-5 “安装选项”对话框

STEP 6　选择文件安装的位置，设置完成后，单击“安装”按钮，打开“安装进度”对话框，如图 2-6 所示。

■图 2-6　“安装进度”对话框

STEP 7　安装过程需要几分钟时间，耐心等待，然后弹出“谢谢”对话框，如图 2-7 所示。单击“完成”按钮，这样 Photoshop CS5 就安装完成了。

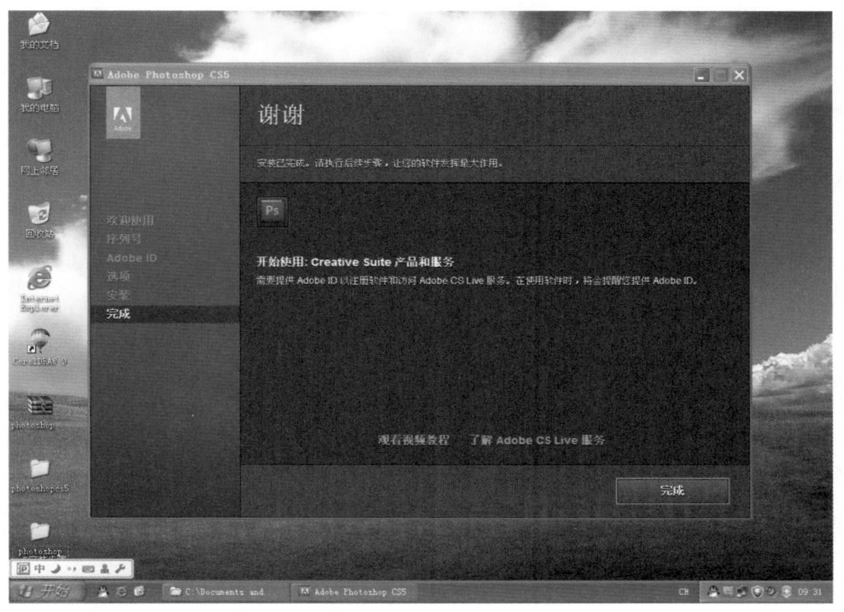

■图 2-7　安装完成

2.2 掌握 Photoshop 的基础操作

要使用 Photostop，首先要了解该软件的操作界面，熟悉界面的布局及相关工具栏与浮动面板的基本应用，为以后的操作打下基础。

要启动 Adobe Photoshop CS5，单击"开始"→"程序"→"Adobe Photoshop CS5"命令，就可以启动 Adobe Photoshop CS5，程序的启动画面如图 2-8 所示。

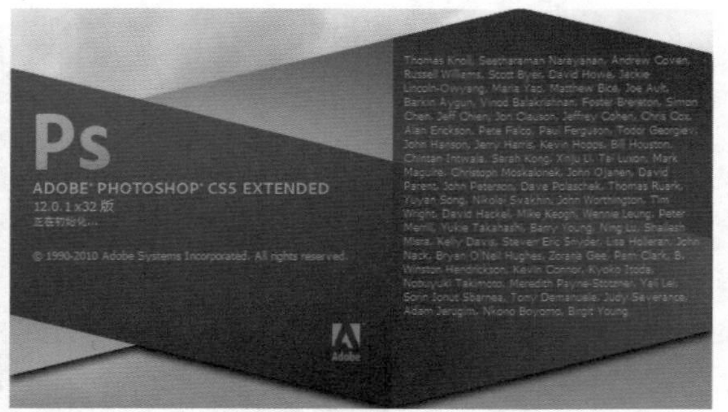

图 2-8 Adobe Photoshop CS5 的启动界面

2.2.1 基本操作界面介绍

Photostop CS5 的工作界面是由标题栏、菜单栏、选项栏、工具箱、浮动面板、状态栏和文档窗口组成，如图 2-9 所示。

图 2-9 Photoshop CS5 的工作界面

1. 标题栏

Photostop CS5 的标题栏位于工作区的顶部，如图 2-10 所示。主要显示软件图标和常用快捷图标，其中右侧的三个按钮，包括最小化、最大化和关闭按钮，主要是用来控制界面的大小。

图 2-10 标题栏

1）（最小化）按钮：单击此按钮，可以使 Photostop CS5 窗口处于最小化状态，此时只在 Windows 的任务栏中显示由该软件图标、软件名称等组成的按钮，单击该按钮，又可以使 Photostop CS5 窗口恢复为刚才的显示状态。

2）（最大化）按钮：单击此按钮，可以使 Photostop CS5 窗口最大化显示，此时（最大化）按钮变成（恢复）按钮；单击（恢复）按钮，可以使最大化显示的窗口恢复为原状态，单击（恢复）按钮再次变为（最大化）按钮。

3）（关闭）按钮：单击此按钮，可以关闭 Photostop CS5 软件，退出该应用程序。

2．菜单栏

菜单栏位于 Photostop CS5 的工作界面的上端，如图 2-11 所示。菜单栏通过各个命令菜单提供对 Photostop 的绝大多数操作以及窗口的定制，包括“文件”、“编辑”、“图像”、“图层”、“选择”、“滤镜”、“分析”、“3D”、“视图”、“窗口”和“帮助”11 个菜单命令。

文件(F)　编辑(E)　图像(I)　图层(L)　选择(S)　滤镜(T)　分析(A)　3D(D)　视图(V)　窗口(W)　帮助(H)

图 2-11　菜单栏

1）子菜单：在菜单栏中，有些命令的后面有右指向的黑色三角形箭头，当光标在该命令上停留片刻后，便会出现一个子菜单。例如，执行菜单栏上的“图像”→“模式”命令，可以看到“模式”命令下一级子菜单。

2）执行命令：在菜单栏中，有些命令选择后，在前面便会出现对号标记，表示此命令为当前执行的命令。例如，“窗口”菜单中已经打开的面板名称前出现的对号标记。

3）快捷键：在菜单栏中，菜单命令还可使用快捷键的方式来选择，在菜单栏中有些命令后面有英文字母组合，如菜单“文件”→“新建”命令的后面有〈Ctrl+N〉表示的就是新建命令的快捷键。如果想执行新建命令，可以直接按键盘上的〈Ctrl+N〉组合键，即可启用新建命令。

4）对话框：在菜单栏中，有些命令的后面有“…”省略号标志，表示选择此命令后将打开相应的对话框。例如，执行菜单栏中的“文件”→“页面设置”命令，将打开“页面设置”对话框。

注意

对于当前不可操作的菜单项，在菜单栏上将以灰色显示，表示无法进行选取。对于包含子菜单的菜单项，如果不可用，则不会弹出子菜单。

3．选项栏

选项栏即是工具选项栏，用于相应的工具进行各种属性设置。在工具箱中选择一个工具，工具选项栏中就会显示工具对应的属性设置，比如在工具箱中选择了“仿制图章工具”，工具选项栏的显示效果如图 2-12 所示。

模式: 正常　不透明度: 100%　流量: 100%　对齐　样本: 当前图层

图 2-12　选项栏

4．工具箱

工具箱在初始状态下一般位于窗口的左侧，当然也可以根据自己的习惯拖动到其他的位置。利用工具箱所提供的工具，可以进行选择、绘画、取样、编辑、移动、注释和查看图像等操作。还可以更改前景色和背景色、使用不同的视图模式。

注意　若想要知道各个工具的快捷键，可以将鼠标指向工具箱中的某个工具按钮图标上，稍等片刻后，即会出现一个工具名称的提示，提示括号中的字母即为快捷键。

工具箱没有显示出全部工具，有些工具被隐藏起来了。只要细心观察，会发现有些工具图标中有一个小三角的符号，这表示在该工具中还有与之相关的其他工具。要打开这些工具，有以下两种方法。

方法一：将鼠标移至含有多个工具的图标上，单击鼠标并按住不放。此时，出现一个工具选择菜单，然后拖动鼠标至想要选择的工具图标处释放鼠标即可。比如，选择“画笔工具”的操作效果如图 2-13 所示。

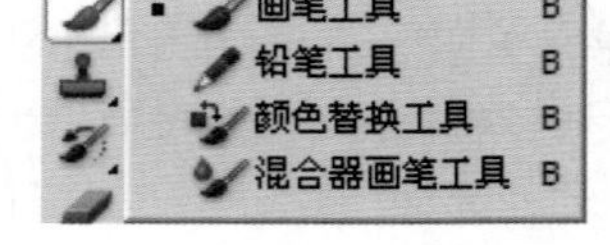

图 2-13　选择画笔工具操作效果

方法二：在含有多个工具的图标上单击鼠标右键，就会弹出工具选项菜单，单击选择相应的工具即可。

工具箱中工具的展开效果如图 2-14 所示。

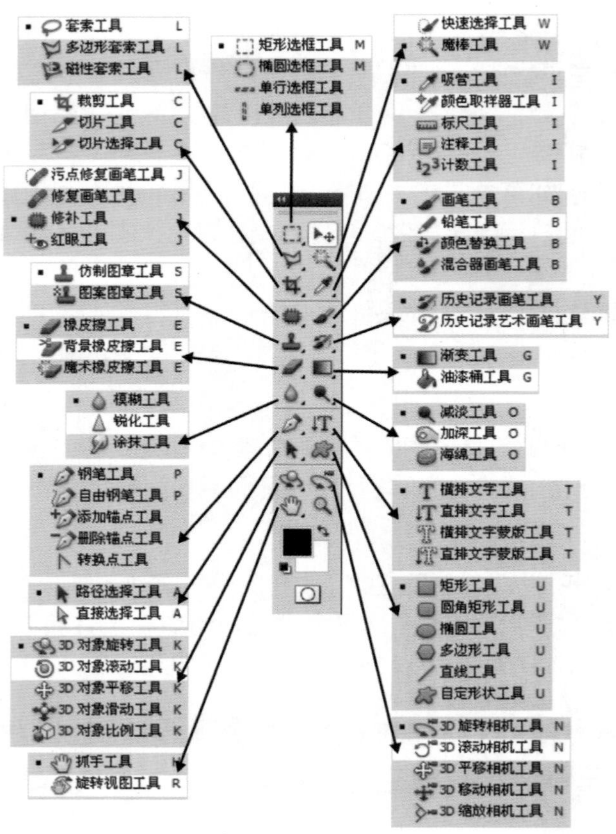

图 2-14　工具箱展开效果

5．浮动面板

浮动面板是大多数软件比较常用的一种浮动方法，它能够控制各种工具的参数设定，完成颜色选择、图像编辑、图层操作、信息导航等各种操作。

默认情况下，面板是以面板组的形式出现，位于 Photostop CS5 界面的右侧，主要用于对当前图像的颜色、图层、样式以及相关的操作进行设置和控制。Photostop 的浮动面板可以任意进行分离，移动和组合。

6．文档窗口

在 Photoshop 中，新建或打开一个图像文件就会显示其操作文档窗口，对该图像的所有操作都在该操作文档窗口中完成。当在 Photoshop 中新建或打开多个文件时，图像标题栏显示灰色为当前文件，所有操作只对当前文件有效。如果想操作其他的窗口，可以单击任何一个窗口，该窗口将变成当前操作窗口。

图像标题栏是显示图像信息的重要部位，如图 2-15 所示。将光标放置在图像编辑窗口的标题栏上将出现一个提示信息框，从该提示信息框中可以查看图像的名称、显示的百分比以及图像的彩色模式等信息。

■图 2-15　文档窗口

2.2.2　文件基本操作

本节将详细介绍有关 Photostop CS5 的一些基本操作，包括图像文件的新建、打开、保存以及置入等，为以后的深入学习打下一个良好的基础。

1．创建新文件

创建新文件的方法很简单，执行菜单栏上的“文件”→“新建”命令，弹出“新建”对话框，如图 2-16 所示，在其中可以对所要建立的文件进行各种设定。

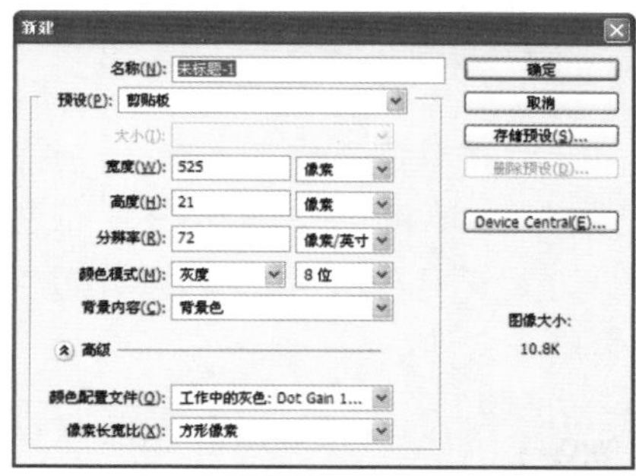

■图 2-16　“新建”对话框

注意

按下键盘上的〈Ctrl+N〉组合键也能弹出“新建”对话框。

“新建”对话框中的各选项的含义如下。

1）“名称”：设置新建文件的名称。在此选项右侧的文本框中可以输入新文件的名称，以便区分文档窗口，其默认的名称为“未标题-1”、“未标题-2”……。

2）“预设”：在该下拉列表框中可以选择新建文件的图像大小。当然，图像的大小也可以直接在“宽度”和“高度”文本框中输入相应的数值，在所输入的数值右侧的下拉列表框中选择度量单位。包括像素、英寸、厘米、毫米、点等，通常平面设计中都以厘米为单位。自定义后的参数选项保存为一个预设参数，这样，下一次在创建新文件时如果希望设置同样的数值，那么只需要在预设下拉列表框中选择保存的预设名称即可，保存预设参数可以单击“存储预设”按钮。

3）“分辨率”：通常以“像素/英寸”为单位。当分辨率以“像素/英寸”为单位时，用于彩色印刷的图像分辨率需要达到 300dpi；用于报刊、杂志等一般印刷的图像分辨率应该为 150dpi；用于网页、屏幕浏览的图像分辨率可设置为 72dpi。

4）“颜色模式”：设置图像的彩色模式，可选的模式有：“位图”、“灰度”、“RGB 颜色”、“CMYK 颜色”、“Lab 颜色”以及“1 位”、“8 位”、“16 位”和“32 位”4 个通道模式选项。根据文件输出的需要可以自行设置，一般情况下选择“RGB 颜色”和“CMYK 颜色”模式以及“8 位”通道模式。

5）“背景内容”：用来设定新文件的背景颜色。包括 3 个选项，选择“白色”选项，则新建的文件背景色为白色；选择“背景色”选项，则新建的图像文件以当前的背景色色板中的颜色作为新文件的背景色；选择“透明”选项，则新创建的图像文件背景为透明层，背景将显示灰白相间的方格。

6）“图像大小”：根据各参数及选项设置，自动显示图像文件所占用的磁盘空间大小。

2. 打开文件

要编辑或修改已经存在的 Photoshop 文件或其他软件生成的图像文件时，可根据需要在下面的几种方法中选择一种最方便的打开方法。

（1）“打开”命令

执行菜单栏上的“文件”→“打开”命令，弹出“打开”对话框，选择要打开的文件后，在“打开”对话框的下方就会显示该图像的缩览图，如图 2-17 所示。然后单击“打开”按钮，即可打开文件。

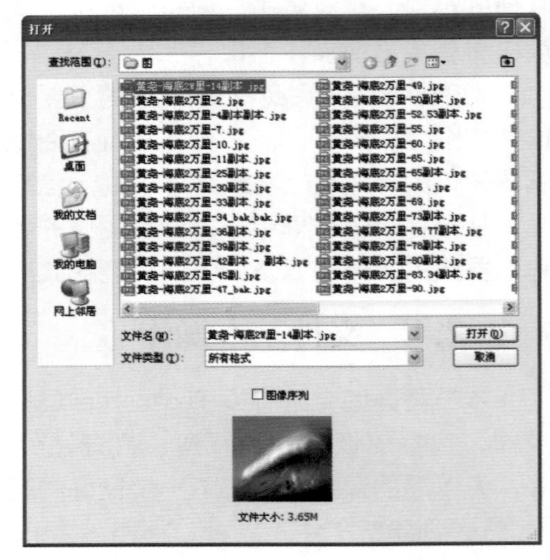

■图 2-17 “打开”对话框

注意

按下键盘上的〈Ctrl+O〉组合键或在操作文档窗口的空白处双击鼠标左键，都可以打开“打开”对话框。

（2）“打开为”命令

“打开为”命令与“打开”命令不同之处在于该命令可以打开一些使用“打开”命令无法辨认的文件，例如某些图像从网络上下载后在保存时如果以错误的格式保存，那么使用“打开”命令就有可能无法打开，此时就可以尝试使用“打开为”命令。

（3）“最近打开文件”命令

通常，执行菜单栏上的“文件”→“最近打开文件”子菜单中显示了最近打开过的十个图像文件。如果要打开的图像文件名称显示在该子菜单中，选中该文件名即可打开该文件，省去了查找该图像文件的操作。

如果要清除“最近打开文件”子菜单中的选项，可以执行菜单栏中的“文件”→“最近打开文件”→“清除最近”命令即可。

3．存储文件

当完成一件作品或者处理一副打开的图像时，需要将完成的图像进行存储，这时候就可以应用存储命令，在菜单栏中的“文件”菜单下面有两个命令可以将文件进行存储，分别是“存储”和“储存为”两个命令。

当应用新建命令，创建一个新的文档并进行编辑后，要将该文档进行保存。这时，应用“存储”和“存储为”命令性质是一样的，都将打开“存储为”对话框，将当前文件进行存储。

当对一个新建的文档应用过保存后，或打开一个图像进行编辑后，再次应用“存储”命令时，不会打开“存储为”对话框，而是直接将原文档覆盖。

如果不想将原有的文档覆盖，那么就需要使用“存储为”命令。利用“存储为”命令来进行存储。

执行菜单栏上的“文件”→“存储”命令，或执行菜单栏上的“文件”→“存储为”命令，都将打开“存储为”对话框，如图 2-18 所示。在打开的“存储为”对话框中，设置合适的名称和格式后，单击“保存”按钮即可将图像进行保存。

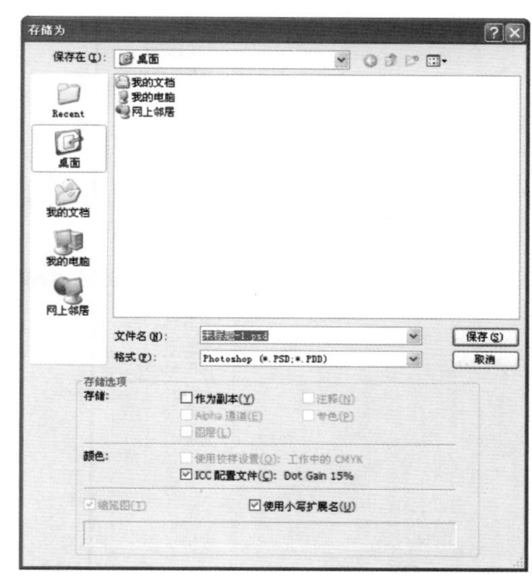

■图 2-18 “存储为”对话框

“储存”的快捷键是〈Ctrl+S〉；“储存为”的快捷键是〈Ctrl+Shift+S〉。

4．置入图像

Photoshop CS5 中可以置入和导入其他程序设计的矢量图形文件，如 Adobe Illustrator 图形处理软件设计的 AI 格式的文件，还有其他符合需要格式的位图图像。

（1）“置入”命令

执行菜单栏上的“文件”→“置入”命令，弹出“置入”对话框，在该对话框中选择需要置入的文件后，单击“置入”按钮。如图 2-19 所示。使用该命令可以置入 AI、EPS 和 PDF 格式的文件以及通过输入设备获取的图像。在 Photoshop 中置入 AI、EPS、PDF 或由矢量软件生

■图 2-19 “置入”对话框

成的任何矢量图形时，这些图形将自动转换为位图图像。

（2）导入

执行菜单栏上的“文件”→“导入”子菜单中的命令，即可导入相应格式的文件，其中包括变量数据组、视频帧到图层、注释和 WIA 支持等 4 种格式的文件。如图 2-20 所示。

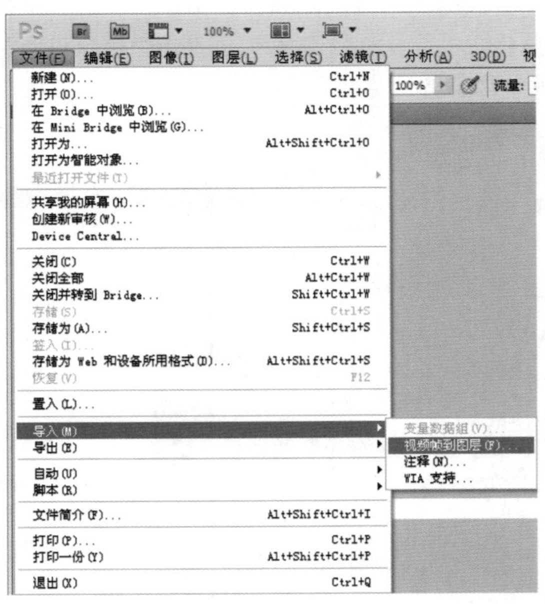

图 2-20 “导入”命令子菜单

2.2.3 Photoshop 参数设定

每个人的工作习惯都是不同的，所以 Photoshop 提供的参数设定功能，是可以按照自己的喜好来设置的，以便适合自己个性化的图像编辑环境。

Photoshop 的参数设置在菜单栏上的“编辑”→“首选项”的子菜单中。其中的设置包括常规、界面、文件处理、性能、光标、透明度与色域、单位与标尺、参考线、网格和切片、增效工具、文字、3D 等选项。按〈Ctrl+K〉组合键也可以弹出“首选项”对话框。对“首选项”设置所做的任何改变，在每次退出 Photoshop 时，都将存储下来。

1. “常规”设置

执行菜单栏上的“编辑”→“首选项”→“常规”命令，弹出“首选项”对话框，在该对话框中设置“常规”选项，如图 2-21 所示。“常规”选项主要对 Photoshop CS5 的拾色器、HUD 拾色

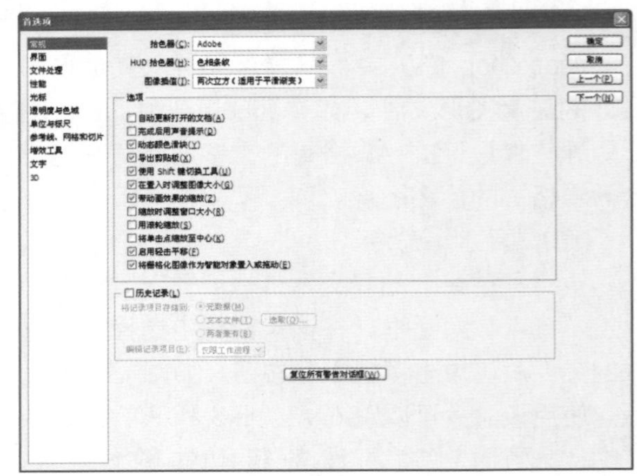

图 2-21 “首选项”对话框

器、图像插值、选项、历史记录等信息进行修改。

2．“界面”设置

执行菜单栏上的“编辑”→“首选项”→“界面”命令，弹出“首选项”对话框，在该对话框中设置“界面”选项，如图 2-22 所示。“界面”选项主要对 Photoshop CS5 的工具栏图标、显示菜单颜色、显示工具提示、自动折叠图标面板和记住面板位置等信息进行修改。

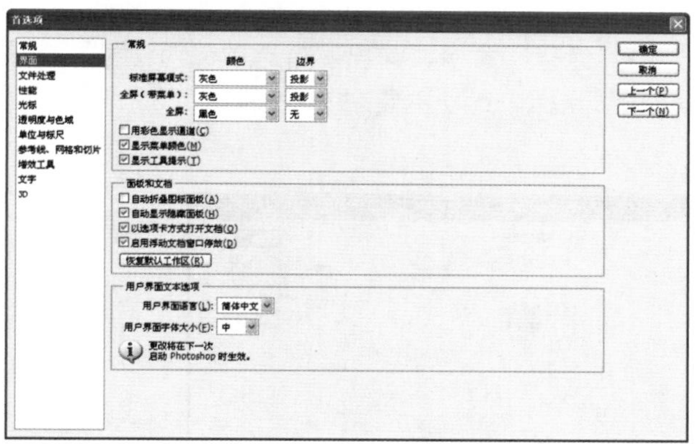

■图 2-22 “首选项”中的“界面”对话框

3．“文件处理”设置

执行菜单栏上的“编辑”→“首选项”→“文件处理”命令，弹出“首选项”对话框，在该对话框中设置“文件处理”选项，如图 2-23 所示。“文件处理”选项主要对 Photoshop CS5 的图像预览、文件扩展名、文件兼容性等进行修改。

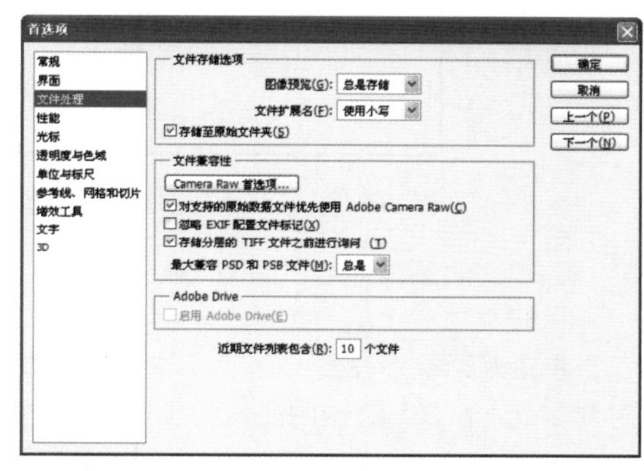

■图 2-23 “首选项”中的“文件处理”对话框

4．“性能”设置

执行菜单栏上的“编辑”→“首选项”→“性能”命令，弹出“首选项”对话框，在该对话框中设置“性能”选项，如图 2-24 所示。“性能”选项主要对 Photoshop CS5 的内存使用情况、历史记录状态、高速缓存级别、暂存盘等信息进行修改。

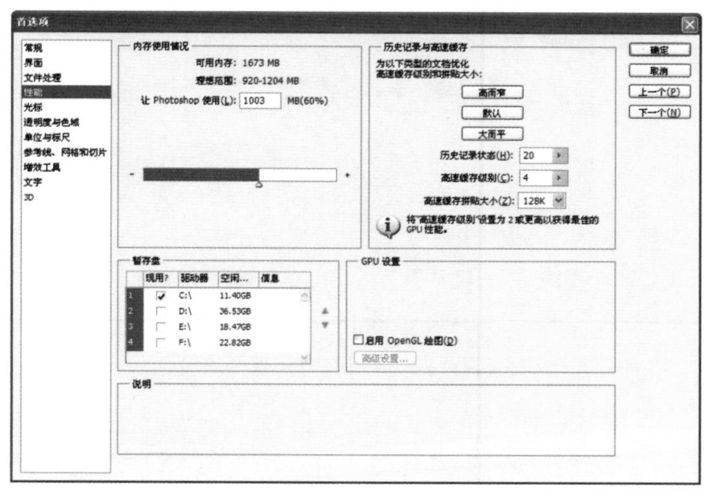

■图 2-24 “首选项”中的“性能”对话框

5. “光标”设置

执行菜单栏上的“编辑”→“首选项”→“光标”命令，弹出“首选项”对话框，在该对话框中设置“光标”选项，如图 2-25 所示。“光标”选项主要对 Photoshop CS5 的绘画光标和其他光标进行修改。

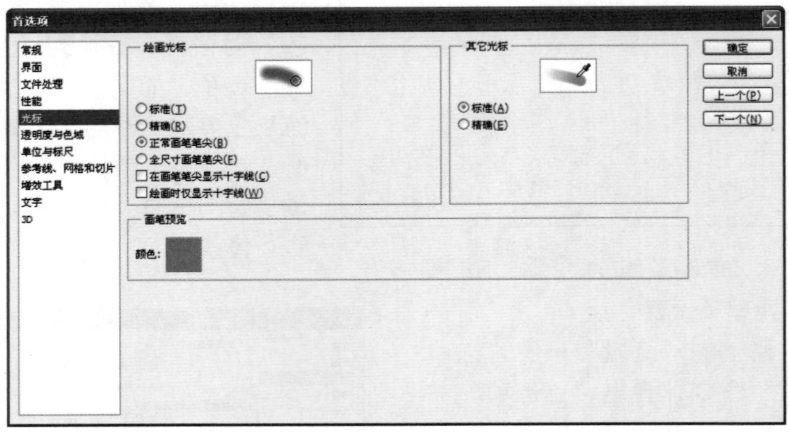

■图 2-25 “首选项”中的“光标”对话框

6. “透明度与色域”设置

执行菜单栏上的“编辑”→“首选项”→“透明度与色域”命令，弹出“首选项”对话框，在该对话框中设置“透明度与色域”选项，如图 2-26 所示。“透明度与色域”选项主要对 Photoshop CS5 的透明区域和色域警告进行修改。

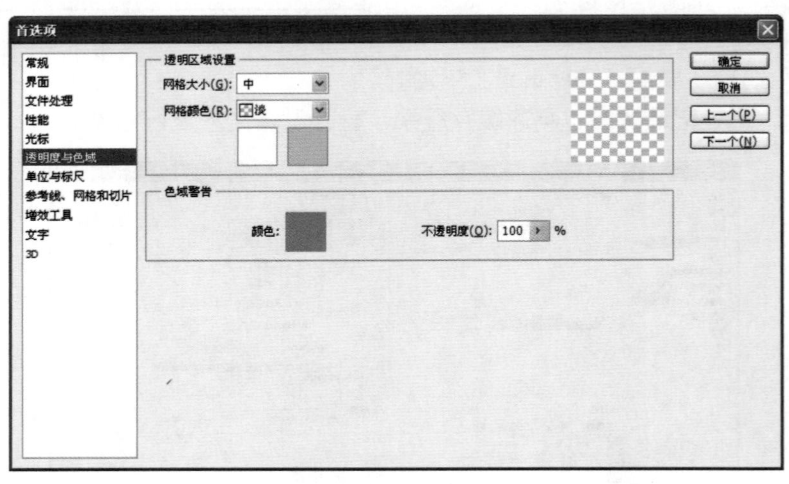

■图 2-26 “首选项”中的“透明度与色域”对话框

7. “单位与标尺”设置

执行菜单栏上的“编辑”→“首选项”→“单位与标尺”命令，弹出“首选项”对话框，在该对话框中设置“单位与标尺”选项，如图 2-27 所示。“单位与标尺”选项主要对 Photoshop CS5 的单位、列尺寸、新文档预设分辨率、点大小等进行修改。

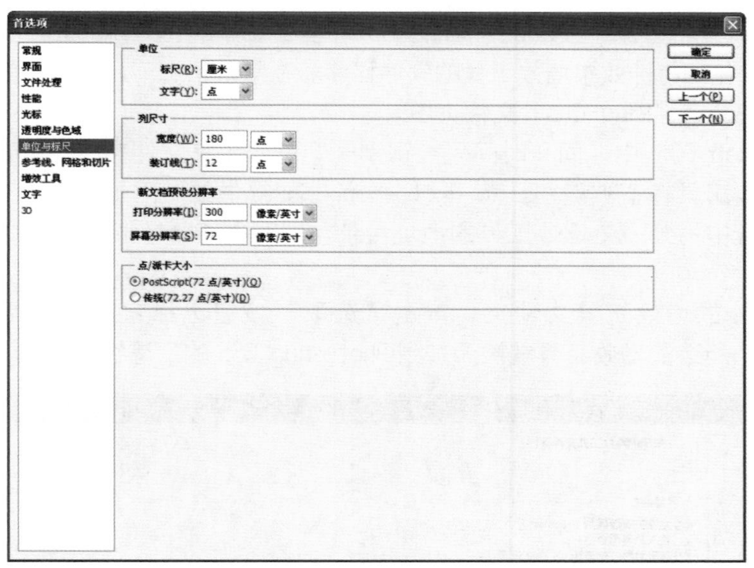

■图 2-27 “首选项”中的“单位与标尺”对话框

8. “参考线、网格和切片”设置

执行菜单栏上的“编辑”→“首选项”→“参考线、网格和切片”命令，弹出“首选项”对话框，在该对话框中设置“参考线、网格和切片”选项，如图 2-28 所示。“参考线、网格和切片”选项主要对 Photoshop CS5 的参考线、网格和切片等进行修改。

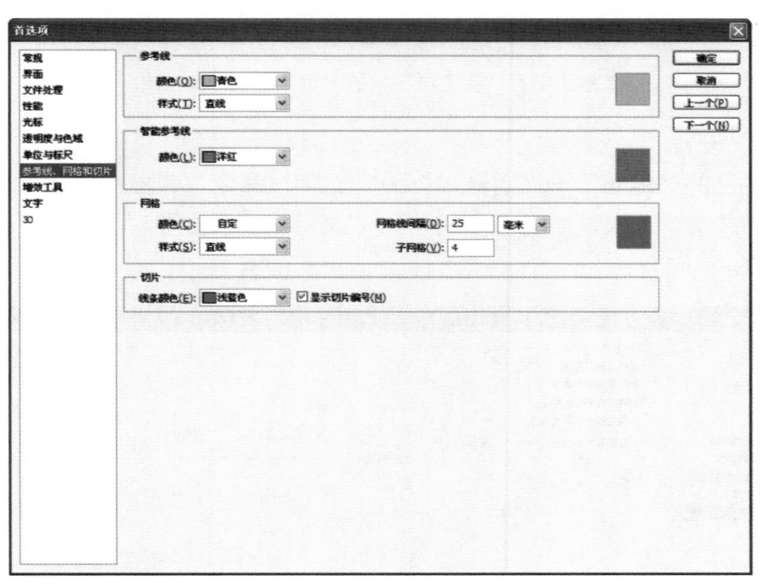

■图 2-28 “首选项”中的“参考线、网格和切片”对话框

9. “增效工具”设置

执行菜单栏上的“编辑”→“首选项”→“增效工具”命令，弹出“首选项”对话框，在该对话框中设置“增效工具”选项，如图 2-29 所示。“增效工具”是由 Adobe Systems 和

第 3 方软件商开发的、基于 Adobe Photoshop 环境中工作的、为 Adobe Photoshop 提供输入、输出、自动化和特殊效果增效工具的软件程序。在默认状态下，大多数的第 3 方特殊效果增效工具都安装在“Plug-Ins”文件夹中。

在 Photoshop CS5 中，同一时间只能识别一个增效工具文件夹，没有置入到此增效工具文件夹的增效工具将不被识别。而 Photoshop CS5 提供的“附加的增效工具文件夹”选项可以设定系统中另外一个增效工具的地址目录，同时在 Photoshop CS5 的“滤镜”菜单中使用。

如果有另外的增效工具文件夹，单击“选取”按钮选择它所在的目录，重新启动 Photoshop CS5，所选的增效工具就被添加到 Photoshop CS5 的“滤镜”菜单下。

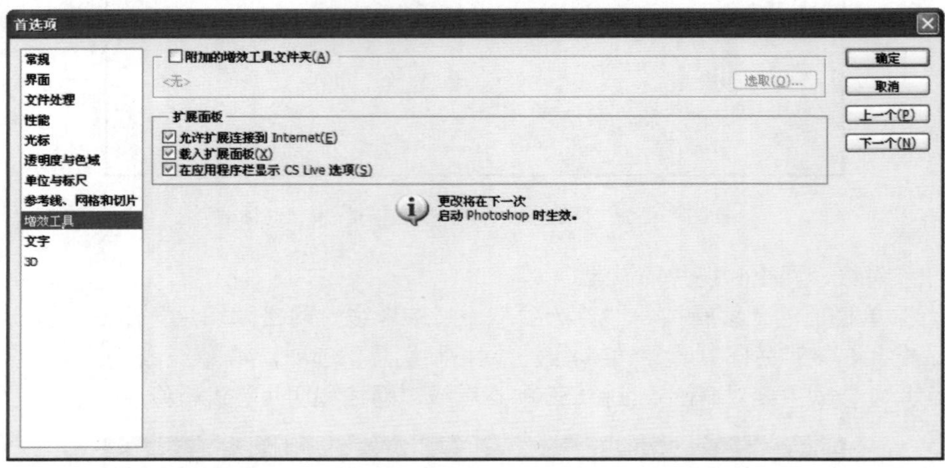

■图 2-29 “首选项”中的“增效工具”对话框

10．“文字”设置

执行菜单栏上的“编辑”→“首选项”→“文字”命令，弹出“首选项”对话框，在该对话框中设置“文字”选项，如图 2-30 所示。“文字”选项主要对 Photoshop CS5 的文字相关内容进行修改。

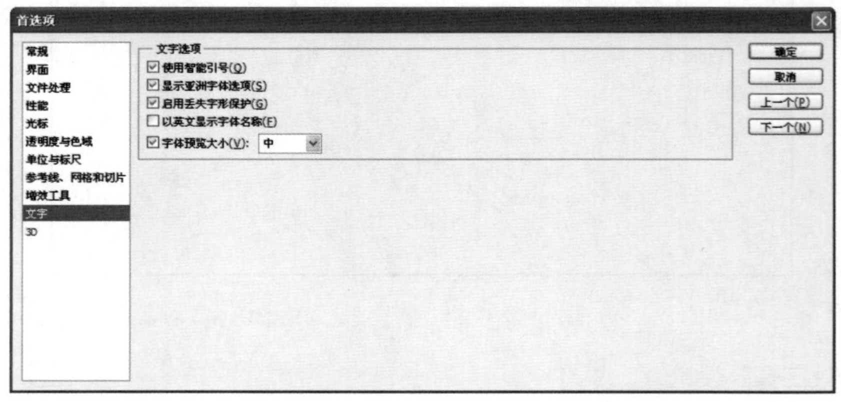

■图 2-30 “首选项”中的“文字”对话框

11．“3D”设置

执行菜单栏上的“编辑”→“首选项”→“3D”命令，弹出“首选项”对话框，在该对话框中设置“3D”选项，如图 2-31 所示。“3D”选项主要对 Photoshop CS5 的“可用于 3D 的 VRAM”、“3D 叠加”、“地面”“光线跟踪”、“3D 文件载入”等进行修改。

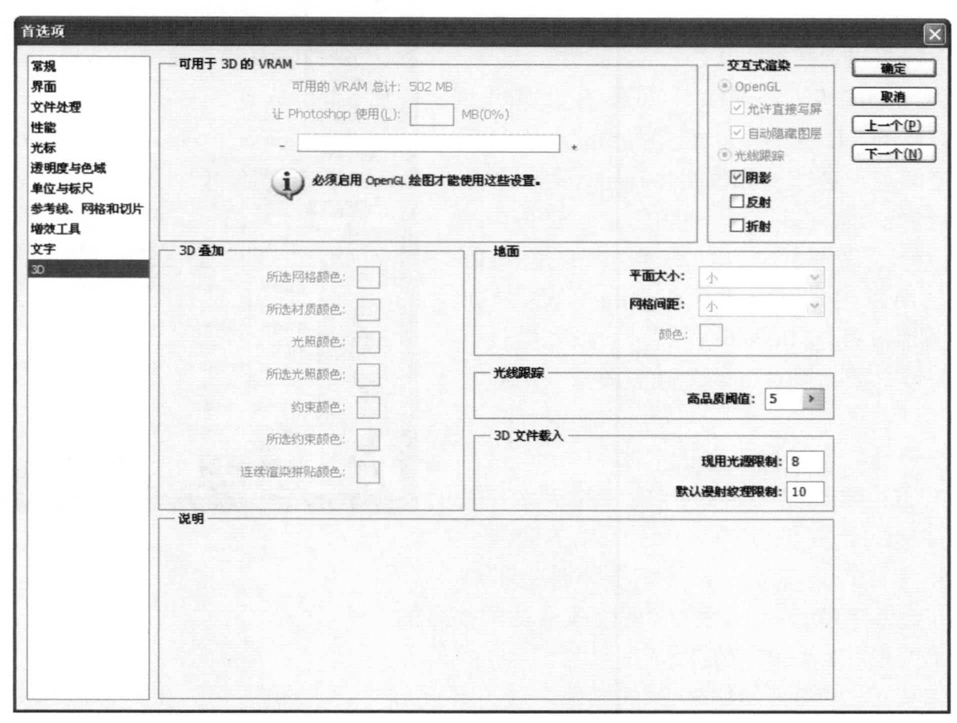

图 2-31 “首选项”中的“3D”对话框

2.3 Photoshop 平面设计基本知识

Photoshop 是目前最流行的平面设计软件之一。可以说，只要接触平面设计，那么无论早晚，都要和 Photoshop 打交道。关于 Photoshop，要说的实在太多太多，但不论是想让它成为网赚的基本工具，或者仅仅是用它来做一些最基础的图像处理工作，下面的基本知识是一定要知道的。

2.3.1 Photoshop 平面设计注意事项

在掌握 Photoshop 的基本操作之后，就要了解在运用这个软件当中需要注意的问题。下面将逐一进行介绍。

1．平面设计注意的问题

（1）设计单页广告时应该设出血线 3mm

比如设计的页面尺寸是 210mm×285mm，那么页面则应该是 216mm×291mm。报纸的广告则可按实际的尺寸来制作。书在装订时是要切边的，如果设计稿没有做 3mm 的出血，则边缘的文字和需要的图片就有可能被切掉。这样设计稿就会被损坏，不仅不是一个完美的设计，而且有可能给客户造成不必要的损失。如图 2-32 所示。

图 2-32　出血

（2）转换成为 CMYK 模式

因为印刷的模式是 CMYK，RGB 在计算机上是不能分色的。C 是青色，M 是品红色，Y 是黄色，K 是黑色，这四种颜色组合在一起可以形成多种的色彩。而 RGB 是三种颜色，R 是英语的 RED（红色）、G 是 GREEN（绿色）、B 是 BLUE（蓝色），所以它是不能用于印刷的。从网络上下载的图片很多是 RGB 模式的，所以在做设计稿子的时候，要将图片的彩色模式改成 CMYK 的模式。

（3）设计的字最好是方正字体

因为方正字体是大家较为认可的字体，较少有在其他的计算机上打不开设计稿的时候。而且方正字体较为美观、正规。要不然就要将文字转曲线，这样为对方对文字的修改会造成很多的不便。

（4）图形和色块的色值最好是整数

比如 C50、M60、Y70、K80 的颜色，就不要设成 C52、M51、Y73、K84，这样别人不好记，也不好改动。也可将设值成 C55、M65、Y75、K85。

（5）字号最好是整数

如果设计稿的字号是 8.456，别人不好记，也为自己以后更改稿子制造了麻烦。如果别人需要修改你的稿子，字号也难以对齐。

（6）设计稿上的所有的文本框必须在页面之内

文字的文本框和一些图形旋转后的文本框必须缩到页面之内，不然会影响打印和出菲林。

2. 排版注意的问题

（1）图片的处理

1）彩色图片的处理。因为许多的图片是从网络上下载的，因此许多的图片模式是 RGB 模式，前面已经讲了 RGB 的模式是不能用于印刷的，所以：

① 要将图片的模式转换成 CMYK；

② 将图片的 72dpi 转换成 300dpi；

③ 最后将图片另存为 TIFF 的格式。

2）黑白图片的处理。处理黑白图片与前面讲的彩色图片的处理方法都是一样的，只是在转换图片的模式时候要将图片转换成灰阶或灰度的模式，一定不能转换成黑白模式，那样将会成为四色，将无法出菲林。因为图片的黑白版是单色的。最后再将图片另存为 TIFF 的格式。

3）图片在处理的时候，要适当地调高亮度。

4）图片上的文字一定要擦掉。

5）图片不要使用正方形的，在裁剪图片的时候要注意。因为根据黄金分割原理，0.618大概是3/2的长方形。

（2）文字的处理

黑色文字的模式一定要是K100，而不能是CMYK100，因为K100模式的字在发片的时候，只是会发在K版上。如果黑色文字的模式是CMYK100，在彩色版上将会出现在四张版上，给印刷套色造成很大困难，容易出现重影。如果出现在黑白版面上，将会出现发不了版的情况。从而给后面的工作造成很大的麻烦，影响报纸的正常出版。

（3）标题的处理

1）一个版面上的标题切记不要都是一样的大小，一样的字体，要突出一个重点，要有变化。

2）标题两边要尽量与文章对齐，不要留空白的地方，如果这样既浪费版面，又不美观。

3）该对齐的对齐，该居中的居中。

2.3.2 印刷的分类及开本

很多东西通过Photoshop设计出来不是为了放在计算机中做自我欣赏，而是要印刷出来进行传播，这时，设计就必须与印刷对接。为此，我们设计人员就要掌握一定的印刷知识。下面将简单地介绍印刷的分类及开本。

1．印刷的分类

传统的印刷种类根据印刷的版面结构可以划分为以下四种。

（1）凸版印刷

凡是印刷的图文高于空白的部分，并在图文周围涂布油墨，通过压力的作用，使图文印迹复制到印刷物表面的印刷方法，称为凸版印刷。

（2）平版印刷（胶版印刷）

现在习惯上把胶版印刷称做平版印刷，印版的图文和空白部分在同一个平面，通过油水分离的原理，让图文最终转移到印刷物表面。

（3）凹版印刷

凹版印刷和凸版印刷刚好相反，图文部分凹入，而空白部分仍然保持原来的平面。图文部分接受油墨层，经过印刷滚筒的压力作用，将油墨层转移到印刷物的表面，复制印刷品。

（4）滤过版印刷

丝网印刷是滤过版印刷的典型。油墨从织物的网孔（图文）渗过，在承印物表面复制成图文。

以上四种方法称做四大印刷方法。根据现代印刷的发展，还发展出以下几种：

（1）柔性版印刷（属凸版印刷）

柔性版在最初的时候，因采用苯胺染料制成的挥发性液体色墨而得名苯胺印刷，版材使用橡皮版。但随着科技的发展，版材和油墨都有很大的变化，苯胺印刷也就变成了今天的柔性版印刷。

（2）特种印刷

根据不同的承印材料和工艺，特种印刷又可以分成：金、银色印刷，电化铝烫印，凹凸压印，模切压痕，金属印刷，不干胶印刷，上光贴塑，立体印刷，发泡印刷，喷墨印刷，全息印刷等等。

从工艺上来说，所有的印刷都可以分类成四大印刷；从实际材料和特点来说，印刷当然还包括柔性版印刷和特种印刷。

2．印刷的开本尺寸

（1）正度纸张：787mm×1092mm

开数(正度) 尺寸 单位（mm）

全开：781mm×1086mm

2 开：530mm×760mm

3 开：362mm×781mm

4 开：390mm×543mm

6 开：362mm×390mm

8 开：271mm×390mm

16 开：195mm×271mm

注：成品尺寸=纸张尺寸−修边尺寸

（2）大度纸张：850mm×1168mm

开数(正度) 尺寸 单位（mm）

全开：844mm×1162mm

2 开：581mm×844mm

3 开：387mm×844mm

4 开：422mm×581mm

6 开：387mm×422mm

8 开：290mm×422mm

注：成品尺寸=纸张尺寸—修边尺寸

（3）常见开本尺寸(单位：mm)

开本尺寸（正度）：787mm×1092mm

对开：736mm×520mm

4 开：520mm×368mm

8 开：368mm×260mm

16 开：260mm×184mm

32 开：184mm×130mm

开本尺寸(大度)：850mm×1168mm

对开：570mm×840mm

4 开：420mm×570mm

8 开：285mm×420mm

16 开：210mm×285mm

32 开：203mm×140mm

注：成品尺寸=纸张尺寸—修边尺寸

16 开：（大度）210mm×285mm，（正度）185mm×260mm

8 开：（大度）285mm×420mm，（正度）260mm×370mm

4 开：（大度）420mm×570mm，（正度）370mm×540mm

2 开：（大度）570mm×840mm，（正度）540mm×740mm

全开：（大）889mm×1194mm，（小）787mm×1092mm

（4）名片规格：

横版：90mm×55mm<方角>，85mm×54mm<圆角>

竖版：50mm×90mm<方角>，54mm×85mm<圆角>

方版：90mm×90mm，90mm×95mm

（5）IC 卡：85×54mm

（6）三折页广告：（标准尺寸）(A4)210mm×285mm

（7）普通宣传册：（标准尺寸）(A4)210mm×285mm

（8）文件封套：（标准尺寸）220mm×305mm

（9）招贴画：（标准尺寸）540mm×380mm

（10）挂旗：（标准尺寸）8 开：376mm×265mm，4 开：540mm×380mm

（11）手提袋：（标准尺寸）400mm×285mm×80mm

（12）信纸、便条：（标准尺寸）185mm×260mm，10mm×2mm

2.3.3 出血的概念

出血，是指任何超过裁切线或进入书槽的图像。出血必须确实超过所预高的线，以使在修整裁切或装订时允许有微量的对版不准，如图 2-33 所示。

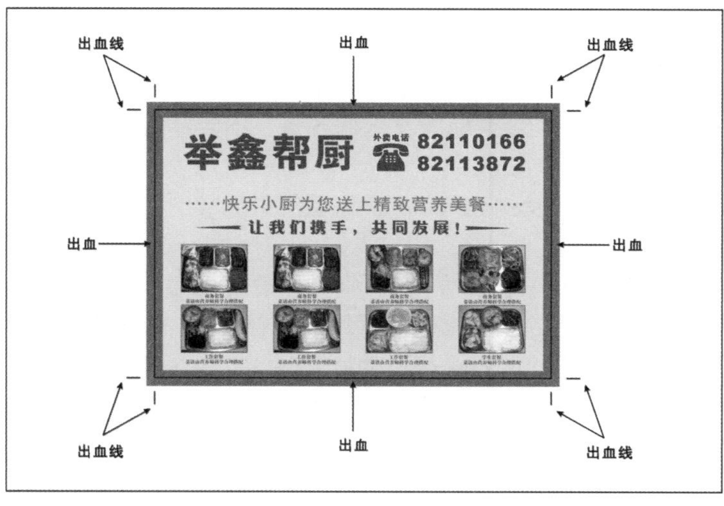

图 2-33　出血

印刷术语“出血位”的作用主要是保护成品。裁切时，有色彩的地方在非故意的情况下，做到色彩完全覆盖到要表达的地方。

举个例子：想要一张印在白纸上的实心圆圈，大家用剪刀剪，如果大家按圆圈的边缘剪，不管多认真，都会或多或少的留下一点没有黑色的白纸，这样剪出的黑色圆圈带一点白边，且不管剪得圆不圆，只要是黑色圆圈上留下的那点白边就会让人感到不是太舒服。有什么方法保证让谁剪出的圆圈都不带白边吗，其实很简单，就是做这个实心圆圈时，将色彩的界线稍微溢出，也就是加大。这样就为不留下白边增加了一分保险。实际工作中，例子中的圆圈就可能是各种形状的包装展开图形，例子中的黑色也会是其他颜色。说明白点就是把做的成品加多个 3mm 就可以了。

有什么又快又统一的方法呢？当然有了，现在实行的出血位的标准尺寸为 3mm。就是沿实际尺寸加大 3mm 的边。这种“边”按尺寸内颜色的自然扩大就最为理想。出血位统一为 3mm 有以下几个好处。

1）就是制作出来的稿件，不用设计者亲自去印刷厂告诉他们该如何如何裁切。（当然最准确判断实际形状的，是按稿件中的裁切标记）

2）就是在印刷厂拼版印刷时，最大利用纸张的使用尺寸。

再简单点概述：做稿时只要是将色彩溢出（做图的时候人为地超出实际尺寸的部分）实际尺寸且大于或等于 3mm 就行了。

前面已经说到印刷出血的知识，其中我们提到了印刷出血的色彩溢出这个词，究竟什么是色彩溢出呢？

其实色彩溢出就是指设计者在做图的时候按实际尺寸再人为地超出成品尺寸的大小。特别是在矢量图的设计中，每个不同的设计软件的设置都是差不多，一般来说就是将出血位放在页面之外，如果要量页面上下左右的边距的话，就不能把出血位的尺寸也算上。

2.3.4 印刷文件的格式

设计和印刷的中间环节之一是文件格式的转换，这要求设计人员懂得文件的相关格式，以便在出片之前转成合适的文件。下面是一些文件格式的简要概述，以供参考。

1）PSD 格式是 Photoshop 的固有格式，PSD 格式可以比其他格式更快速地打开和保存图像，很好地保存层、通道、路径、蒙板以及压缩方案，不会导致数据丢失等。但是，很少有应用程序能够支持这种格式。

2）BMP 格式是微软公司开发的 Windows 操作系统中标准的图像文件格式，这种格式被大多数软件所支持。

3）PDF 格式 PDF（Portable Document Format）是由 Adobe Systems 创建的一种文件格式，允许在屏幕上查看电子文档。PDF 文件还可被嵌入到 Web 的 HTML 文档中。

4）JPEG 格式 JPEG（由 Joint Photographic Experts Group 缩写而成，意为联合图形专家组）是我们平时最常用的图像格式。它是一个最有效、最基本的有损压缩格式，被极大多数的图形处理软件所支持。JPEG 格式的图像还广泛用于网页的制作。如果对图像质量要求不高，但又要求存储大量图片，使用 JPEG 无疑是一个好办法。但是，对于要求进行图像输出打印，最好不使用 JPEG 格式，因为它是以损坏图像质量而提高压缩质量的。

5）GIF 格式是输出图像到网页最常采用的格式。GIF 采用 LZW 压缩，限定在 256 色以内的色彩。GIF 格式以 87a 和 89a 两种代码表示。GIF87a 严格支持不透明像素。而 GIF89a 可以控制哪些区域透明，因此，更大地缩小了 GIF 的尺寸。如果要使用 GIF 格式，就必须转换成索引色（Indexed Color）模式，使色彩数目转为 256 或更少。

6）TIFF 格式 TIFF（Tag Image File Format，意为有标签的图像文件格式）是 Aldus 在 Mac 初期开发的，目的是使扫描图像标准化。它是跨越 Mac 与 PC 平台最广泛的图像打印格式。TIFF 使用 LZW 无损压缩方式，大大减少了图像尺寸。另外，TIFF 格式最令人激动的功能是可以保存通道，这对于处理图像是非常有好处的。

7）CDR 格式和 AI 格式，是矢量文件格式，值得注意的是 CorelDRAW 不同版本之间的文件不能通用，Illustrator 则没有这个限制。

8）EPS 格式，是介乎于矢量和点阵图像的格式，广泛用于印刷行业。

9）WMF 格式：是位图和矢量图的一种混合体，在平面设计领域应用十分广泛。

10）PCD 格式：是 PhotoCD 专用储存格式，一般多见 CD-ROM 素材光盘上，PCD 文件中含有从专业摄影到普通显示用的多种分辨率的图像，课件中一般可缩到 640×480 像素大小。

11）TGA 格式：它结构简单，很容易与其他格式的文件相互转换。支持 8～32 位颜色深度，32 位图像中包括了 8 位 Alpha 透明通道，此种格式已经广泛地应用于计算机专业视频领域。

第3章

标志设计及应用

在现如今的生活中，经常会看到具有三维效果的立体标志设计，这是因为立体的三维效果较之二维平面的效果具有更强烈的视觉冲击力和更新颖的视觉感受。伴随着时代的发展，标志设计已经不仅仅是满足信息对大众的传达和大众对信息的识别了，而是在此基础上提高了对标志设计的视觉化和现代化的要求。为了更好地运用 Photoshop 设计出优秀的标志，本章不仅详细介绍了标志设计的理论，而且列举了一些典型实例。通过这些案例的讲解，让读者在边学边练中迅速掌握标志设计的要点。

3.1 标志设计常识

标志设计不仅是实用物的设计，也是一种图形艺术的设计。它与其他图形艺术表现手段既有相同之处，又有自己的艺术规律。必须体现前述的特点，才能更好地发挥其功能。由于对其简练、概括、完美的要求十分苛刻，即要完美到几乎找不至更好的替代方案，其难度比其他任何图形艺术设计都要大得多。要设计一个优秀的标志，就必须要掌握标志设计的基本常识。

3.1.1 基本概念

标志，是表明事物特征的记号。它以单纯、显著、易识别的图像、图形或文字符号为直观语言，除表示什么、代替什么之外，还具有表达意义、情感和指令行动等作用。Logo 译为标志、厂标、标志图等，就是企业的标志图案及产品的商标，是企业及产品给人的第一印象。

标志不仅仅是一个图形或文字的组合，它是依据企业的构成结构、行业类别、经营理念，并充分考虑标志接触的对象和应用环境，为企业制定的标准视觉符号。在设计之前，首先要对企业做全面深入的了解，包括经营战略、市场分析、以及企业最高领导人员的基本意愿，这些都是标志设计开发的重要依据。对竞争对手的了解也是重要的步骤，标志的识别性，就是建立在对竞争环境的充分掌握上。

Logo 的作用很多，最重要的就是表达企业的理念，便于人们识别，广泛用于宣传。因而，Logo 设计追求的是：以简洁的符号化的视觉艺术形象把企业的形象和理念长留于人们心中。

3.1.2 标志的分类与特点

标志可以分为企业标志和产品标志两种。企业标志即从事生产经营活动实体的标志，产品标志即企业所生产产品的标志，又叫商标。

一个好的标志，直接关系到企业和产品的形象及市场价值，因此在设计的过程之前一定要把握其共性的地方，那么一个标志就必须具备如下几个特点。

1）独特鲜明的识别性是标志的首要特点。

2）精神内涵的象征性是标志的本质特点。

3）符合审美造型性是标志的重要特点。

4）具有实施上的延展性是标志的必具特点。

5）标志应具有时代色彩。

标志的应用范围极为广泛，所以标志设计应考虑到平面、立体以及不同材质上的表达效果。有的标志设计看上去精美绝仑，但制作复杂，成本昂贵，必然限制标志应用上的广泛与便利。所以，设计时不得不考虑其实施的延展性问题。

3.1.3 企业标志的设计原则

从造型的角度来看，标志可以分为具象型、抽象型、具象抽象结合型三种。

具象型标志是在具体图像（多为实物图形）的基础上，经过各种修饰，如简化、概括、夸张等设计而成的，其优点在于直观地表达具象特征，使人一目了然。

抽象型标志是有点、线、面、体等造型要素设计而成的标志，它突破了具象的束缚，在造型效果上有较大的发挥余地，可以产生强烈的视觉刺激，但在理解上易于产生不确定性。如日本三菱公司的标志。

具象抽象结合型标志是最为常见的，由于它结合了具象型和抽象型两种标志设计类型的长处，从而使其表达效果尤为突出。

无论是哪一种形式的标志设计都应遵循以下原则。

1）标志设计应能集中反映企业的经营理念，突出企业形象。

2）标志设计应结合企业的行业特征和产品特征。

3）标志设计应符合时代的审美特征。

3.1.4 标准字设计

一提到字体，也许会马上想到，不就是计算机上带的字体吗？那还有什么好说的，直接用不就行了。错！我想这是一个不合格的设计师所说的话，其实在字体当中有很多的秘密。

对间距和行距，首先要弄清楚间距的概念。对于英文字体有字符距、字距和段距的区别，如图 3-1 所示。

对于中文字来说，没有字符距和字距的区别，如图 3-2 所示。

图 3-1　英文字距及段距

图 3-2　中文的字距

这就在要求在排版时要使用最好的排版技术；检查 Logo 设计中使用的字母间距、行间距、词间距、连字号或省略号的位置等。

标准字设计，即将企业（产品）的名称通过创意设计，形成风格独特、个性突出的组合整体。

1. 标准字的特征

1）识别性是标准字的总特征。由于标准字代表着特定的企业形象，所以，必须具备独特的整体风格和鲜明的个性特征，以使它所代表的企业从众多的可比较对象中脱颖而出，令人过目不忘。

2）易识性是标准字的基本特征。

3）造型性是标准字的关键特征。

4）系列性是标准字设计的应用性特征。

即应有一系列的相同风格的标准字，适用于各种场合。

2. 标准字的设计步骤

1）确定总体风格。一个企业应具有自己不同于其他企业的内在风格，不同的字体造型和组合形式也具有其内在的风格特征，找到二者间的有机联系。

2）构思基本造型。

3）修整视觉误差。

4）常见的错视与修正。汉字是方块形的，但在实际的视觉效果中，略长些的汉字看起来比规整的方块形更为美观。这是因为汉字的间架结构上下顶格者多，左右只有部分笔画支持，而且横多竖少的笔画也增强了汉字的高度感。因此按照同样大小的方块写出来的字看起来很可能是参差不齐、大小不一的。汉字大体有以下八种基本形体。

方形：如口、因、国、圆等。

梯形：如旦、且、由等。

五边形：如士、土、大等。

六边形：如中、永等。

品字形：如晶、森、聂、鑫等。

菱形：如十、个、今等。

尸字形：如广、户等。

三角形：如下、卜、丁等。

在以上八种基本形体中，字形的面积大，字就显大，字形的面积小，字就显小。按照大小顺序排列，从大到小依次为：方形、六边形、梯形、五边形、品字形、尸字形、菱形、三角形。

上中下、上下结构的汉字处理成“上紧下松”，即上部写的稍紧凑些，下部写的稍宽松些，视觉效果上就会较之平均处理笔画的情况更给人舒服的感觉。由于人的视平分线并非居于视觉平面的正中，而是在正中偏上，所以，凡横线的位置均应略偏上，否则会有下坠的感觉。上下结构相同的字和笔画，应处理得上小下大，如果等大就有上大下小、头重脚轻之感。

左右和左中右结构的字体，尤其是以竖画为主的汉字看起来显宽，因此，应注意将左右部分适当压缩，并上下顶格处理，否则会与其他字的笔画不协调。对于左右结构相同的字体，应注意“左紧右松”，右边应略大于左边，以校正人的偏右心理。

包围、半包围结构的汉字，应注意按照“内紧外松”的原则把中间部分处理得紧凑些，否则会给人松松垮垮的感觉。

以横画为主的字，在注意“上紧下松”的同时，还要注意将上下压缩些，左右往外放一些，否则会显得高。

对于笔画多的字，如果进行压缩处理很难与其他文字协调。在这种情况下，竖画的宽度应视竖画的数量多少，作适当的调整，以求整体上的协调、感觉上的一致。有些汉字的中间竖画具有支撑字形骨架的作用，但由于其两侧笔画分量不等。如果处理在正中间，就会有偏左或偏右的感觉。因此，中间笔画应向笔画少的一边稍稍移动，以取得视觉上的平衡。

3.2 企业标志设计流程和实例

标志作为企业 CIS 战略的最主要部分，在企业形象传递过程中，是应用最广泛、出现频率最高，同时也是最关键的元素。企业强大的整体实力、完善的管理机制、优质的产品和服务，都被涵盖于标志中，通过不断的刺激和反复刻画，深深地留在大众心中。设计将具体的事物、事件、场景和抽象的精神、理念、方向通过特殊的图形固定下来，使人们在看到 Logo 标志的同时，自然地产生联想，从而对企业产生认同。本节主要通过分析成功企业的标志，来详细阐述制作标志的流程和步骤，以期给予读者启示。

3.2.1 企业标志设计应如何定位

标志（Logo 设计）与企业的经营紧密相关，是企业日常经营活动、广告宣传、文化建设、对外交流必不可少的元素，它随着企业的成长，其价值也不断增长，曾有人断言："即使一把火把可口可乐的所有资产烧光，可口可乐凭着其商标，就能重新起来。"可想而知，标志设计的重要性。因此，具有长远眼光的企业十分重视 Logo 设计，同时很了解 Logo 的作用，在企业建立初期，优秀的设计无疑是日后无形资产积累的重要载体。如果没有能客观反映企业精神、产业特点和造型科学优美的标志，等企业发展起来，再做变化调整，将对企业造成不必要的浪费和损失。中国银行进行标志变更后，仅在全国拆除更换的户外媒体就造成了 2000 万的损失。因此，企业在一开始，就应该定位好自己的标志。

一个优秀的企业标志必须要有好的创意，好的创意必定来自对主题本身的挖掘。因此，只有牢牢把握好主题，展开辐射式的思维，才能找到最佳定位点。在设计一个标志之前，一定会用很多的时间去了解这个企业的背景和文化及国内外比较知名的同类企业。当这个企业的主题一旦确定，造型要素、表现形式自然而然的就展开了。不重视主题的选择，或者带有随意性和主观性的做法都会使设计事倍功半。即使标志图形本身非常美，也只是装饰而已，既不符合企业的实际情况，也不会有长久的生命力。

那么，企业标志究竟该如何定位呢？以下几点非常重要。

1．以企业理念为题材的企业标志设计

2．以经营内容与企业经营产品的外观造型为题材的企业标志设计

3．以企业名称、品牌名称为题材的企业标志设计

4．以企业名称、品牌名称或字首与图案组合为题材的企业标志设计

3.2.2 成功的企业标志是怎样炼成的

一个现代企业的 Logo 质量高低在很大程度上决定了他的成功或失败，这是显而易见的！商标和 Logo 组成了最通用的国际语言。一个优秀的企业 Logo 能冲破很多障碍，向客户传达出准确而统一的声音。

每一个成功的公司都有许多自己的特色。正如人类的性格一样，是复杂的，公司也必然是一个复杂的组合体，一个成功的企业 Logo 就是把复杂的特征提炼升华，以形成一个简洁

明了的信息，并随着时间推移继续控制、改良、改进而成熟，并进一步发扬光大，如联想集团。企业 Logo 设计一定要与其他公司有不同之处，一定要传达出企业的价值、质量与可信度等信息。

成功的 Logo 所具备的条件如下。

1）表现——公司、产品、服务的可识别性。

2）区别——与同行相比能够明显地区别开来。

3）交流性——关于公司的产品价值与质量的传达。

4）提升价值——提供有价值的品牌服务。

5）象征——表现为无形资产，当人们看到标志时，他们能通过标志联想到公司所提供的高品质产品或服务。

3.2.3 企业标志设计流程和艺术规律

在了解了企业标志定位和特征外，下面将具体谈谈设计标志的流程，以及在制作过程中应遵循的规律。

1. 企业标志设计流程

（1）调研分析

Logo 标志不仅仅是一个图形或文字的组合，它是依据企业的构成结构、行业类别、经营理念，并充分考虑标志接触的对象和应用环境，为企业制定的标准视觉符号。在设计之前，首先要对企业做全面深入的了解，包括经营战略、市场分析，以及企业最高领导人员的基本意愿，这些都是标志设计开发的重要依据。对竞争对手的了解也是重要的步骤，标志的重要作用即识别性，就是建立在对竞争环境的充分掌握上。

（2）要素挖掘

要素挖掘是为设计开发工作做进一步的准备。优秀设计会依据对调查结果的分析，提炼出标志的结构类型、色彩取向，列出标志所要体现的精神和特点，挖掘相关的图形元素，找出标志设计的方向，使设计工作有的放矢，而不是对文字图形的无目的组合。

（3）设计开发

有了对企业的全面了解和对设计要素的充分掌握，可以从不同的角度和方向进行设计开发工作。通过设计师对标志的理解，充分发挥想象，用不同的表现方式，将设计要素融入设计中，标志必须达到含义深刻、特征明显、造型大气、结构稳重、色彩搭配能适合企业，避免流于俗套或大众化。不同的标志所反映的侧重或表象会有区别，经过讨论分析或修改，找出适合企业的标志。

（4）标志修正

提案阶段确定的标志，可能在细节上还不太完善，经过对标志的标准制图、大小修正、黑白应用、线条应用等不同表现形式的修正，使标志更加规范，同时标志的特点、结构在不同环境下使用时，也不会丧失，达到统一、有序、规范的传播。

2. 企业标志艺术规律

遵循标志设计的艺术规律，创造性地探求恰当的艺术表现形式和手法，锤炼出精确的艺术语言，使所设计的标志具有高度的整体美感、获得最佳视觉效果。标志艺术除具有一般的设计艺术规律（如装饰美、秩序美等）之外，还有以下独特的艺术规律。

（1）符号美

标志艺术是一种独具符号艺术特征的图形设计艺术。它把来源于自然、社会以及人们观念中认同的事物形态、符号（包括文字）、色彩等，经过艺术的提炼和加工，使之构成具有完整艺术性的图形符号，从而区别于装饰图和其他艺术设计。标志图形符号在某种程度上带有文字符号式的简约性、聚集性和抽象性，甚至有时直接利用现成的文字符号，但却不同于文字符号。它是以“图形”的形式体现的（现成的文字符号需经图形化改造），更具鲜明形象性、艺术性和共识性。符号美是标志设计中最重要的艺术规律。标志艺术就是图形符号的艺术。

（2）特征美

特征美也是标志独特的艺术特征。标志图形所体现的不是个别事物的个别特征（个性），而是同类事物整体的本质特征（共性），即类别特征。通过对这些特征的艺术强化与夸张，获得共识的艺术效果。这与其他造型艺术通过有血有肉的个性刻划获得感人的艺术效果是迥然不同的。但它对事物共性特征的表现又不是千篇一律和概念化的，同一共性特征在不同设计中可以而且必须各具不同的个性形态美，从而各具独特艺术魅力。

（3）凝练美

构图紧凑、图形简练，是标志艺术必须遵循的结构美原则。标志不仅单独使用，而且经常用于各种文件、宣传品、广告、映像等视觉传播物之中。具有凝练美的标志，不仅在任何视觉传播物中（不论放得多大或缩得多小）都能显现出自身独立完整的符号美，而且还对视觉传播物产生强烈的装饰美感。凝练不是简单，凝练的结构美只有经过精到的艺术提练和概括才能获得。

（4）单纯美

标志艺术语言必须单纯再单纯，力戒冗杂。一切可有可无、可用可不用的图形、符号、文字、色彩坚决不用；一切非本质特征的细节坚决剔除；能用一种艺术手段表现的就不用两种；能用一点一线一色表现的决不多加一点一线一色。高度单纯而又具有高度美感，正是标志设计艺术之难度所在。

3.2.4 企业标志的设计

在确定了标志的创意后，现在就开始制作一个实例。要求设计的公司名称为“北京环博文化发展有限公司”，其主要经营的是文化领域的产品，在创意的时候，第一个考虑到的就是将标志要与文化产业相结合，要有中国文化的特点，当然就想到了印章和红色，公司的目标是引领大家步入文化领域，所以创意的外型就做成一把钥匙，正好可以将公司名称的第一个字母 H 和 B 进行组合，加上考虑中国传统文化的阴阳平衡的创意，就有了如下实例的创意制作。

制作步骤主要如下。

STEP 1　运行 Photoshop CS5，执行菜单栏上的“文件”→“新建”命令，打开“新建”对话框。将“宽度”设置为 300 像素、“高度”设置为 300 像素、“分辨率”设置为 72 像素/英寸、“颜色模式”设置为 RGB 颜色，其他设置保持默认，如图 3-3 所示。

STEP 2 单击“确定”按钮，完成文件的新建。将背景色设置为红色（R=230，G=0 ，B=18），用背景色填充背景，填充后的效果如图 3-4 所示。

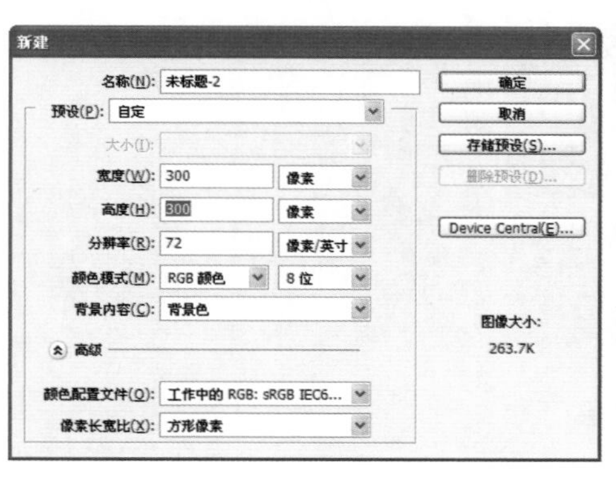

图 3-3 设置“新建”对话框

图 3-4 填充背景

STEP 3 复制背景图层，然后选择菜单栏上的“编辑”→“变换”→“缩放”命令，将“背景副本”图层缩小，并将其填充为白色，效果如图 3-5 所示。

图 3-5 复制背景图层

STEP 4 按照上面同样的方法，将“背景副本”再复制一层名称为“图层一”，并执行缩小操作，然后填充为红色（R=230，G=0，B=18），效果如图 3-6 所示。

■图 3-6 复制图层

STEP 5 选择工具栏中的“矩形选框工具”，绘制出一个“HB”形状的选区，并将其填充为白色，效果如图 3-7 所示。

■图 3-7 绘制 HB 形状选区

STEP 6 取消选区，然后复制“图层 1”图层，将其放置在合适的位置上，然后执行菜单栏上的“编辑”→“变换”→“水平翻转”命令，效果如图 3-8 所示。

■图 3-8　复制图层

这样，一个印章形式的 Logo 就设计完成了，最终的效果如图 3-9 所示。

■图 3-9　Logo 设计的最终效果

3.3　LOGO 的应用：名片的制作

名片是标识姓名及其所属组织、公司单位和联系方法的纸片。名片是新朋友互相认识、自我介绍的最快、最有效的方法之一。交换名片是商业交往的第一个标准式动作。虽然名片只是一张小卡片，但是它相当于“门脸”，第一感觉很重要。而名片设计不同于一般的平面设计，它只有小小的表面设计空间，要想在小小的面积内发挥，难度可想而知。为此，必须掌握名片设计的理论，然后依据实际操作逐渐提升自身的设计水平。本节正是从这一角度入手，详细阐述了名片制作的流程和步骤，以期给予读者更大帮助。

3.3.1　名片的设计理论

名片设计不仅涉及到图片，而且还涉及到文字和色彩等。要想设计一张好的名片，必须透彻了解名片设计的相关理论，这样才能在设计中灵活运用。下面将逐一对这些理论进行简要的阐述。

1. 名片设计的插图表现

将方案的内容、主题的表达或产品的重点以绘图的形式加以表现，其目的在于图解内文、强调原案，且具有完整独立性的视觉化造形图案均谓之插图。商业广告频繁的现代社会、插图几乎被应用于任何广告性质的印刷物中，因此插图的形式与技巧等也成为广告诉求效果的重点之一。插图的选择，分为“真象”与“抽象”两大类。设计者在创作时须考虑普遍性或代表性，才能诉诸心灵将资料分析，选择其中要素，做形色的创作组合，以达到诱导大众视觉的目的，从而让大家产生对插图共鸣的心境。所以，插图是名片构成要素中形成性格以吸引视觉的重要素材。最重要的是，插图能直接表现公司的构造或行业，以传达广告具有理解性的内容。

2. 名片设计的色彩表现

色彩是一种复杂的语言，它具有喜怒哀乐的表情，有时会使人心花怒放、有时欲使人惊心动魄。除了对视觉发生作用，色彩同时也影响于其他感觉器官，例如黄色使人联想到酸，柔软的色彩是触觉，很香的色彩是嗅觉，都可证明色彩对人类心理及生理的影响是如何复杂与多样。因此名片设计者在从事色彩的规则组合时，最好先了解各公司的企业形象。色彩是一种属于组合的媒体，色彩的强度，不在于面积大小，而在于规则配置的影响。色彩的调配，则来自色彩的特性，也可依色调大小、位置关系取得。

现代人已无所谓色彩禁忌，转而追求个性的色彩组合，只要能结合消费者感觉到强烈感情，就能成功掌握到名片色彩的应用。反之，若没有充分运用到色彩对人产生的色彩力量，或是错误的色彩组合，再好的编排内容，也无法引起大家对名片内容的注意。所以在选择名片的原色纸标识色彩时，都必须配合设计创意用心思虑，否则传播出的名片，可能会造成个人或企业形象的破坏。

3. 名片设计的色块表现

一般来说，“色块”与“面”和“形”是有密切关系的。例如，画了一个“正方形”，在这个时候，这个正方形在人们的意识中尚未有形成面的印象，但把这个正方形以黑色涂满时，则面的意识就渐渐增强了，所以“涂满”在面的意识形成上往往具有其意义；从这里引申得知，形的意识成立在前，面的意识成立在后，而两者之间也存在着互相往返的意识动向，也就是说看到了形，而后会产生面，最后，色块则自然存在了。

色块可分为几何形与非几何形；通常，几何形的色块具有单纯、简洁、明快的感觉，但若其组合过于复杂时，则易丧失这些特性；非几何的色块，又可分为有机形及偶然形两种：自然界存在的物像，被称为有机形；偶然之间形成的称为自然形，又称为意外的图形。

在名片设计以色块表现为主中，“黄金比例”是设计中常用的比例分割设计。黄金比例一般为 1：1.618、3：5、5：8、8：13、12：21、55：89。黄金分割比例具有理性数据比例的视觉美感，安定、活泼且具均衡感，是视觉设计之最佳要点和比例。在版面构图时，只要运用这个原理，画面即可达到稳定兼具美感的视觉效果。

4. 名片设计的饰框、底纹表现

饰框、底纹为平面设计的构成要素，在名片设计中并不是要素性的材料，大多是以装饰性为目的。

名片设计首先要吸引对方的注意，使对方能集中注意力了解名片的内容。因此，在名片中有一条明确线条或底纹有时具有防卫性，有时带有挑战性。若以饰框来说，饰框在编排的构成作用是控制对方视野范围，达到了解内容的目的。但如果饰框的造型强度过强，则会不断刺激读者的眼睛，而转移视线。因此，名片饰框应不具备任何抵抗性，以柔和线条为佳，进而诱导视线移到内部主题为主。

饰框、底纹既然是以装饰性为主要目的，在色彩应用上就要以不影响文字效果为原则，将主、副关系区别开来，才能设计一张明晰的名片作品。否则，文字与饰框、底纹会有混在一起的情况，不易读。

5. 名片设计的文字表现

大家都知道，文字是人类日常生活中的视觉媒体之一，也是学术文化的传播载体。而字体设计就是将文字精神技巧化，并加强文字的造型魅力。所以文字应用在设计行业时，不单只为传达信息，并且具有“装饰”“欣赏”的功能和加强印象的机能。

近年来，由于广告事业的发展迅速和受到世界性的设计潮流影响，不论是广告公司或个人，在从事设计工作时，为了商业需求或表现个人设计理念，除了印刷字体的变化外，也产生了许多具有装饰性、变化性的新颖字体。“手绘字体”就是在强调书写时的轻快和创意趣味等诸多前提下，巧思设计出来与传统字体截然不同的特殊字体。

在设计名片时，行业常影响文字造型的表现方式。例如，软笔字体适合应用在茶艺馆上。文字设计的题材来源有：公司中英文全名、中英文字首、文字标志……等，字形则包罗万象，设计的字形、篆刻的字形、传统的字形。最后，要注意字体与书面的配合，来营造版面的气氛，将名牌塑造成另一种新视觉语言。

6. 名片设计的要点

名片为方寸艺术，设计精美的名片让人爱不释手，即使与接受者交往不深，别人也乐于保存。设计普通的名片则只能用来交流，在普通的应酬后，很可能被人遗弃，不能发挥它应有的功效。名片设计不同于一般的平面设计，大多数平面设计的设计表面较大，给人足够的表现空间。名片则不然，它只有小小的表面设计空间，要想在小小的面积内发挥，难度可想而知。名片印刷亦不同于一般印刷，绝大多数名片只能小幅单张套印，印刷质量无法与大型胶印机比较，印刷图片的精细度有一定的限制，这是设计中要考虑的又一重要因素。

设计尺寸：国内通用的标准名片主要有两大类尺寸，即普通与折卡。普通名片的设计尺寸为：55mm×90mm，折卡名片的设计尺寸为：95mm×90mm。当然还可以设计其他规格的名片，只是很难找到名片店印刷，除非自己能提供与之相适应的名片纸张。

软件选择：目前的名片设计主要使用计算机，也可以先用手工绘制，但终究要使用计算机进行排版、定色、定字体、定字号。市面有专门制作名片的名片排版软件销售，同时，您还可以运用市面流行的其他办公软件进行设计，Photoshop 是比较好的选择专业软件之一。

内容选择：设计名片首先要确定名片的内容：名片的内容主要分为文字与图形，文字内容主要有：名片印刷者姓名、头衔、职务与职称、工作单位、联系地址与联系方式。有时还需要列出产品或服务项目、收款账户与开户银行。如有必要，还得印上自己公司的位置详图，及公司的座右铭。图形内容主要有图片、商标、线条、底纹。

名片排版：所有内容选好后，还得把它们排列起来，搭成名片的框架。可以采用横式来排名片版，也可以使用竖式和折卡式。运用自己对名片内容的理解，把文字、图片、标志、色块、图形进行有机的排列组合，最后在计算机中形成名片。

修饰名片：字体选择和色彩选择是名片的主要修饰手段。变换字体是名片设计的主要方式。名片上文字本来多，内容也没有必然的联系，所以可分散排列，每一内容的文字可以使用不同的字体、字号，也可使用不同的字体颜色。对名片的色彩，可以使用照片，也可以使用色块，配合文字与商标的色彩，使名片更有美感。但名片的色彩选择，决定名片的价格。如果只选择双色印刷，那么无论印照片或色块，只能在三原色（红、黄、蓝）和黑色中选择两种进行搭配；如果选择三色印刷，则选择的范围要大一点，可印出彩色图片；要使印出的色彩更饱满，最好选择四色印刷。选择四色印刷也不是可以随心所欲地选择图片，因为名片胶印机由于体积小、精度差，印刷质量无法与大型胶印机比较，所以设计时只能选择面积较大、精度要求不高的图片。

校对修改：名片设计好后，还得打印出来进行校对和修改。计算机中的排版和文字最好先输出，如果不满意还可以修改。如果对设计出的名片满意了，即可完成设计，输出菲林或硫酸纸再进行印刷。

3.3.2 名片的创意设计实例

名片设计创意出来后，下面将依据一个实例对制作流程逐一进行阐述。

具体的制作步骤如下。

STEP 1 运行 Photoshop CS5，执行菜单栏上的“文件”→“新建”命令，打开“新建”对话框。将“宽度”设置为“4.5 厘米”、“高度”设置为“9 厘米”、“分辨率”设置为 300 像素/英寸、“颜色模式”设置为“RGB 颜色”，其他设置保持默认，如图 3-10 所示。

STEP 2 单击“确定”按钮，完成文件的新建。单击“图层”面板上的“新建新图层”按钮，创建一个新图层，名称为“图层 1”，如图 3-11 所示。

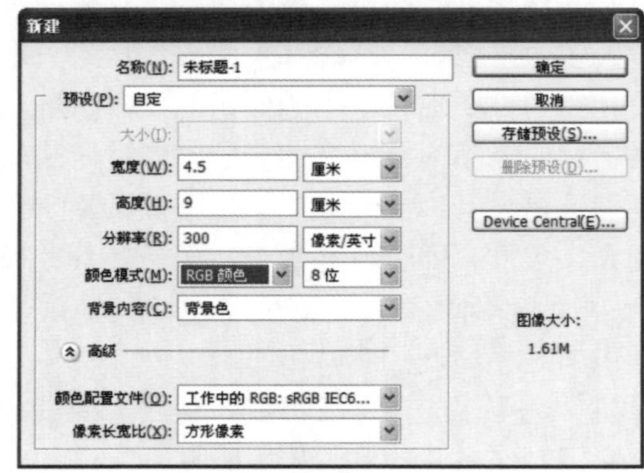

图 3-10 设置“新建”对话框

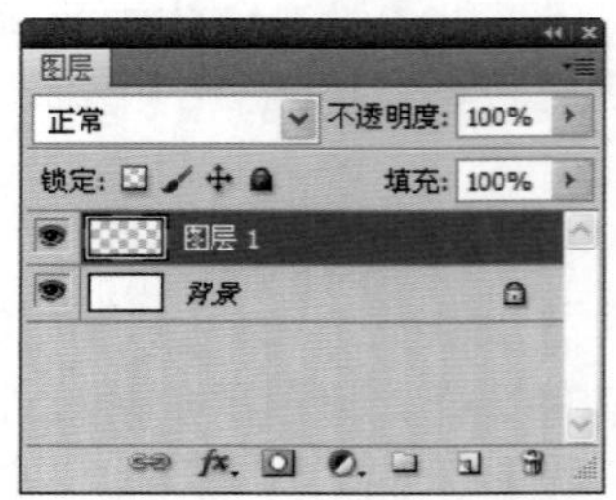

图 3-11 新建“图层 1”

STEP 3　设置“图层 1”的前景色为 R=156，G=156，B=157，按〈Alt+Delete〉组合键为背景填充前景色，效果如图 3-12 所示。

STEP 4　执行菜单栏上的“滤镜”→“杂色”→“添加杂色”命令，弹出“添加杂色”对话框，设定参数如图 3-13 所示。

■图 3-12　填充“图层 1”

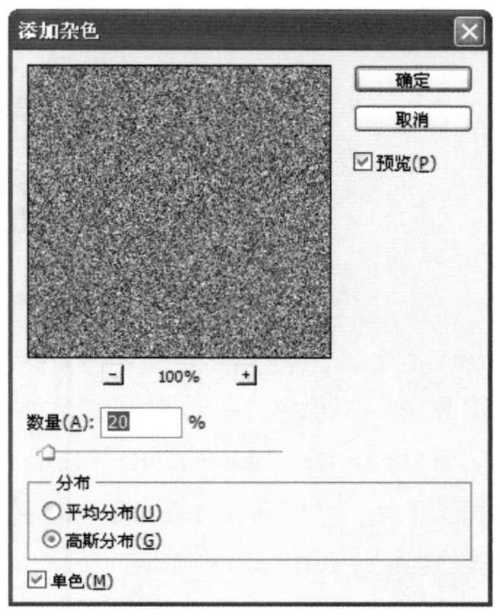

■图 3-13　设置“添加杂色”对话框

STEP 5　设置完成后，单击“确定”按钮。然后再执行菜单栏上的“滤镜”→“模糊”→“动感模糊”命令，弹出“动感模糊”对话框，设定参数如图 3-14 所示。

STEP 6　设置完成后，单击“确定”按钮。单击“图层”面板下面的“创建新的填充或调整图层”按钮，选择“亮度/对比度”命令。“图层”面板中会主动生成“亮度/对比度”图层，设定参数如图 3-15 所示。

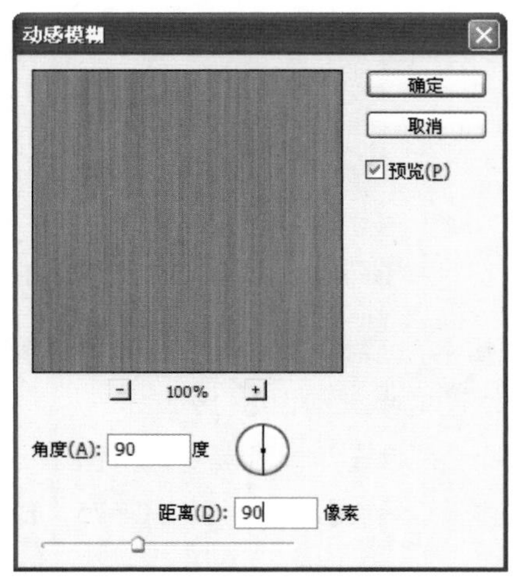

■图 3-14　设置“动感模糊”对话框

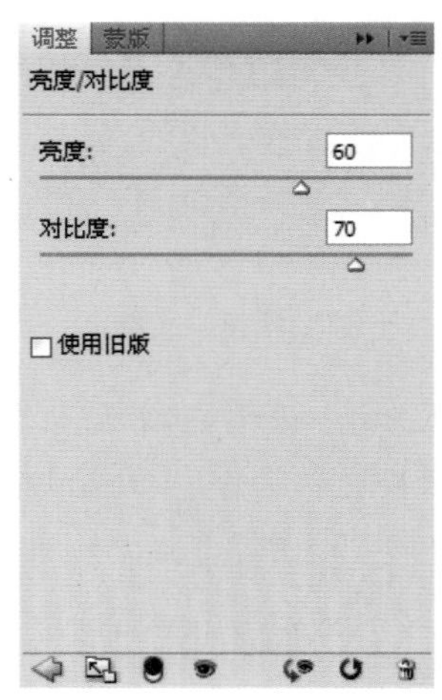

■图 3-15　设置“亮度/对比度”

⊙STEP 7　单击“图层”面板上的“不透明度”右半的右三角按钮，把设定值调为 75%，效果如图 3-16 所示。

■图 3-16　设置“图层 1”的不透明度

⊙STEP 8　单击“图层”面板上的“新建新图层”按钮，创建一个新图层，名称为“图层 2”。然后选择工具箱中的“矩形选框工具”，绘制选区，设置前景色为 R=165，G=164，B=165，按“Alt+Delete”组合键填充前景色，效果如图 3-17 所示。

⊙STEP 9　执行菜单栏上的“滤镜”→“扭曲”→“玻璃”命令，弹出“玻璃”对话框，并设定参数如图 3-18 所示。

■图 3-17　填充“图层 2”

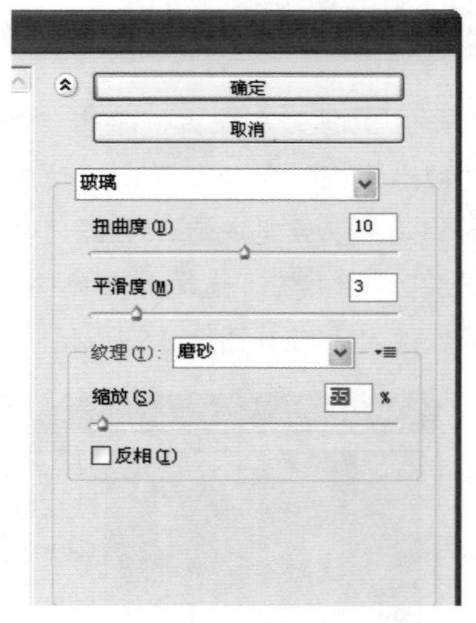

■图 3-18　设置“玻璃”对话框

⊙STEP 10　设置完成后，单击“确定”按钮。然后执行菜单栏上的“滤镜”→“纹理”→“纹理化”命令。弹出“纹理化”对话框，设定参数如图 3-19 所示。

⊙STEP 11　设置完成后，单击“确定”按钮。然后选择工具箱中的“直排文字工具”，键入文字“北京”，设定字体为“汉仪雁翎体简”，颜色为 R=71，G=75，B=76，效果如图 3-20 所示。

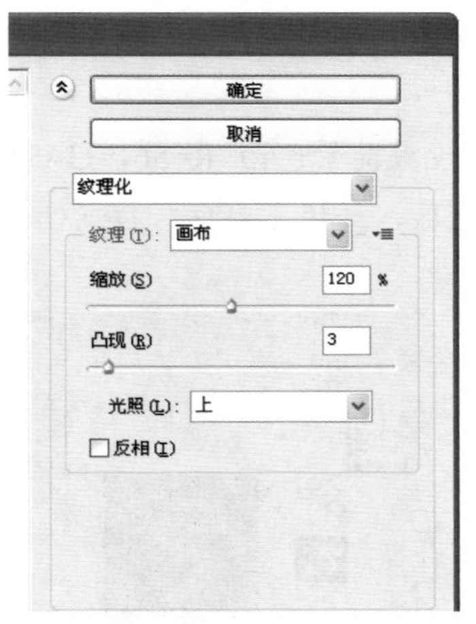

■图 3-19 设置“纹理化”对话框

■图 3-20 输入文字“北京”

STEP 12 选择工具箱中的“直排文字工具” ，分别键入文字“美”与“术”，设定字体为“方正行楷繁体”，设定颜色为 R=108，G=19，B=24，按〈Ctrl+T〉组合键调节字体的大小与位置，获得如图 3-21 所示的效果。

STEP 13 再创建一个“图层 3”图层，设定前景色为黑色，然后选择工具箱中的“矩形选框工具” ，按住〈Shift〉键绘制一个正方形选取，并填充为黑色，取消选区，然后在选择工具箱中的“直排文字工具” ，键入文字“馆”，设定字体为“汉仪雁翎体简”，填充为白色，按〈Ctrl+T〉组合键调节“馆”字的大小，按〈Shift〉键同时单击“图层 3”与“馆”图层，选择居中对齐方式，效果如图 3-22 所示。

■图 3-21 输入文字“美”、“术”

■图 3-22 输入文字“馆”

STEP 14 在图层面板中创建“图层 4”，设置前景色为黑色，然后选择工具箱中的“矩形选框工具” ，绘制一条非常细的矩形并按〈Alt+Delete〉组合键填充颜色，取消选区，在工具箱中选择“移动工具” ，调节图形到恰当的地方，并把“图层 4”放置在“图层 2”下面，效果如图 3-23 所示。

STEP 15　在“图层”面板中创建“图层 5”，设置前景色为 R=56，G=57，B=57，然后选择工具箱中的“矩形选框工具” ，绘制矩形选区，并填充颜色，按〈Ctrl+D〉组合键取消选区，效果如图 3-24 所示。

图 3-23　绘制矩形

图 3-24　绘制矩形

STEP 16　执行菜单栏上的“滤镜”→“液化”命令，在弹出的“液化”对话框中，选择工具箱中的“顺时针旋转扭曲工具”按钮 ，进行液化处理，效果如图 3-25 所示。

图 3-25　设置“液化”对话框

STEP 17 置入“素材图片 1”文件，并执行菜单栏上的“图层”→“栅格化”→“智能对象”命令，对“图片”图层进行栅格化处理，按〈Ctrl+T〉组合键自由变换，调节图片的大小及位置，再按〈Enter〉键确定自由变换，效果如图 3-26 所示。

STEP 18 选择工具箱中的“魔棒工具”，点击图像中的白色区域，新建选区，再执行菜单栏上的“选择”→“选取相似”命令，把图像全部白色区域转为选区，按〈Delete〉键删除选区内容，再按〈Ctrl+D〉组合键取消选区，效果如图 3-27 所示。

图 3-26 置入素材

图 3-27 删除素材的白色区域

STEP 19 单击“图层”面板中的“添加图层样式”按钮，选择“斜面和浮雕”命令，弹出“图层样式”对话框，设定参数如图 3-28 所示。

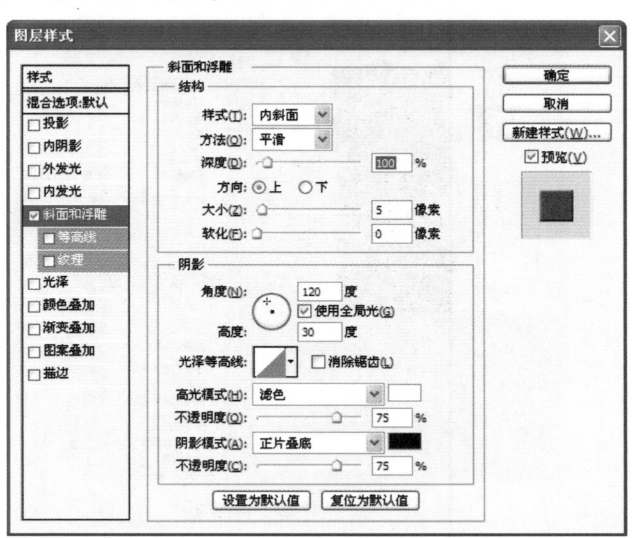

图 3-28 设置“斜面和浮雕”对话框

STEP 20　为了使图片与背景更好地融合在一起，对图像设定混合模式。在图层面板上设定图像的混合模式为“色相”，效果如图 3-29 所示。

STEP 21　按第 17 步的方法置入“素材图片 1”文件，获得新图层，重新命名为“图片 1”，并复制图层，获得“图片 1 副本”，运用自由变换命令做变换，并设定图片的位置，按〈Enter〉键确定，按〈Ctrl+E〉组合键合并图层，并命名为“图片”，在把其移至“图层 5”的上面，设定其混合模式为“叠加”效果如图 3-30 所示。

■图 3-29　设置混合模式后的效果

■图 3-30　置入素材

STEP 22　单击“图片”图层，并在“图片”图层上右击，选择“创建剪贴蒙板”命令，多余的图像则被隐蔽，效果如图 3-31 所示。

■图 3-31　创建剪贴蒙板

STEP 23　在“图层”面板中创建“图层 6”，然后选择工具箱中的“矩形选框工具”

，按住〈Shift〉键绘制正方形选区，然后执行菜单栏上的“编辑”→“描边”命令，弹出“描边”对话框。设置“描边”的宽度为 2 px，颜色为白色，然后把“图层 6”的“不透明度”调为 20%。然后再选择工具箱中的“矩形选框工具”，绘制一个“田”字形选区，填充为白色，“不透明度”同样也调为 20%。效果如图 3-32 所示。

STEP 24　复制“图层 6”，获得“图层 6 副本”与“图层 6 副本 1”，按住〈Shift〉键同时单击这三个图层，执行居中对齐与平均分布，并执行如图 3-33 放置。

■图 3-32　绘制“田”字方格

■图 3-33　复制“田”字方格

STEP 25　选择工具箱中的“直排文字工具”，键入姓名与“主任”等字样，“主任”要比姓名的字号小些，同时居中对齐，获得如图 3-34 所示的效果。

STEP 26　执行工具箱中的“直排文字工具”，键入地址、电话、邮箱与网址等，最终运用移动工具、自由变换等工具执行最终的调节，使文字、照片组合得越加合理、美观，获得如图 3-35 所示的效果。

■图 3-34　输入“李伟峰”与“主任

■图 3-35　输入“地址”、“电话”等文字

这样，一个完整的名片就设计完成了，最终效果如图 3-36 所示。

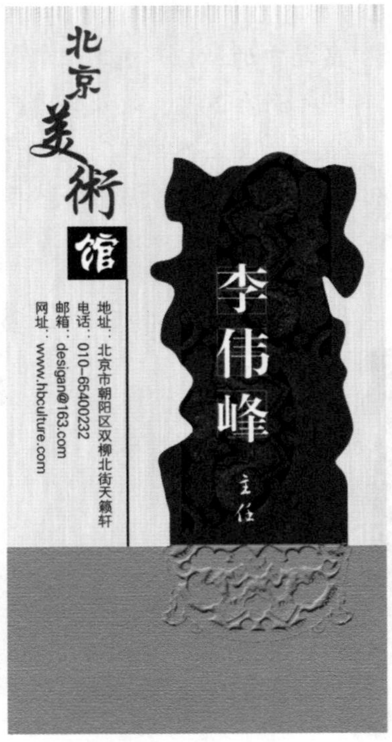

图 3-36　名片的最终效果

第4章

广告宣传单页设计

宣传单页主要是指四色印刷机彩色印刷的单张彩页，也包括单色机印刷的单色宣传单页。一般复印机复印的单页文件也可以叫宣传单页。通俗点讲宣传单页就是为了扩大影响力而做的一种纸面宣传材料。要设计一张精美的宣传单页，首先要依据产品特色及目前消费者关注的焦点选定主题，在选定主题后再进行创意设计，配以适当的图文搭配。无论是哪种设计，其最终目的都是为了扩大客户的影响力，以引导消费者做出倾向性的选择。在本章中，通过宣传单页的创意指导设计、文字的应用等方面加以阐述，同时配以简明的实例，让读者在轻松练习中获得明显的进步。

4.1 广告宣传单页设计创意指导

一个广告宣传单页的创意，不是一蹴而就的，是需要一定内涵的积累的。在长期实践中，才能获得好的创意灵感。而要把头脑中的灵感转化为创意实践，就需要在以下四个方面做出选择。

1. 主题

把产品特色及目前消费者关注的焦点做为主题。无论做多大面积的平面广告，都可以夸张主题呈现动态美感来配置。

2. 配置

1）使用的色纸尽量能够突出字体效果，色彩不要太杂。
2）使用容易看明白的字体，避免出现龙飞凤舞，不易看懂。
3）尽量以既定的视觉效果图案色彩、文体为制作题材。
4）突显价格的数字要有个性及令顾客感到高雅悦目的字体。

3. 技法

1）以诉求产品名称、价格、风味、组合内容及活动期限为主。
2）采用通俗易懂的文字、图案等容易看懂的表现手法。采取大范围的作法，以响应本地区大型项目活动，能产生与顾客同步重视的感觉，并能激发对本店或产品的共鸣感为主。

4. 素材

1）使用的目标决定纸张大小。
2）说明卡使用较厚铜版纸。
3）以半开式的海报纸为主。
4）依财务预算及场地特性，灵活变化造型。

4.1.1 宣传单页的设计要点

无论是哪一种商业广告设计，其最终目的都是为了帮助客户推销产品，促进销售，否则再漂亮的设计都毫无意义。在本节中，通过低成本的宣传单页设计案例来探讨一下如何在设计中让信息更有效传达，如何让宣传单页更有吸引力。

在预算很紧张的情况下，是否能设计出切实有效的宣传单页呢？当然可以，只要能让人们的注意力一直集中在产品上就可以了。想象一下，当步入一个家具展厅，停留在一件很喜欢的家具旁边，大脑的第一反应是什么？是它的价格？这家公司还有什么其他产品？还是店的电话号码？

都不是！此时，人们通常的第一反应是：这件东西对我合适吗？它的质量怎样？通过什么方式可以得到它？等等。因此，在设计宣传单页时就是要做到这一点——展示有吸引力的商品，给顾客一个拥有它的理由，并告诉顾客如何得到它。

如何让一个简单的宣传单页成为一个得力的推销员，请注意以下要点：

1．布置场景

如果把一个宣传单页想象成一台戏，那么纸张就是舞台。和戏剧一样，好的广告的作用就是要让人们的注意力都集中在产品上。

因为产品的图片背景是比较暗的，那么宣传单页的背景也处理成黑色与它配合，这样就仿佛是舞台已经暗下来了，就等演出开始。当然背景并不一定就是黑色，不过处理成黑色是最容易形成戏剧气氛效果的方法。

添加一个很细的边框，可以把它想象成幕布，引导读者的目光到中间的内容。这种线框一定要很细，如果太粗太亮就会分散读者的注意力。

2．把产品推向前台

将产品放在页面的显眼位置上，就像在家后院招呼朋友吃烧烤时，也会同样将这些台椅放在院子里显眼的地方一样，让每一个客人都看得见摸得着。

产品图片一定要清晰，实物照片是最合适的，一般厂家提供的照片质量都比较高，可以试着向厂家索取。如果不行，那就请摄影师给产品拍张高质量的照片，这样可能费用比较高，但是请记住：如果顾客不能清楚地打量产品，他们也不会掏钱。

也许有时候会有一种给产品图片增加一些特殊效果的冲动。且慢！在一个产品宣传单页中，产品是需要展示的重点，不要自作聪明搞一些倾斜、变形的效果，这样会显得华而不实；也不要把照片弄得太小，以为顾客会拿起放大镜仔细研究一番；更不要像海报一样对图片进行剪裁，如果这样，顾客只会忽略产品本身，甚至以为要刻意隐藏什么。

3．加上标题

一旦展示了产品，下面就要加一些文字来更详细地说明产品，介绍一些不是一眼就能看出来的优点和用途。

顾客喜欢体验各种新产品，如果您把顾客想象成非常渴望进一步了解的大众，那您就可以写出好的宣传标题。

想象一下，如果是给好朋友介绍这件产品，会先介绍哪一方面？一定是要从最激动人心的部分开始。如果您要推销的是浴巾这类普通商品，那么就思考一下产品在什么地方最惹人喜爱，为什么顾客要买它们，然后用文字表述出来。

规则一：短标题更合适。人们平时说话时，如果一个人每说一句话都要用上 20 个以上的词，只会让听的人发疯。顾客可能喜欢看到的产品，但是忍受不了这样的唠叨。一样话，百样说，最好找一种最简洁、准确的说法。

规则二：不要叫嚷一些华而不实的口号。强扭的瓜不甜，喊这些口号不能帮助自己买卖东西。人们买一辆车，是因为它外观漂亮、做工地道、价格适中或是刚好满足某种需要。

4．下面加上文字说明

顾客才是上帝，顾客永远是第一位的。只有顾客掏出钱真地购买产品，广告才是成功的，否则一切都变得无意义。要尊重这样一个事实，要明白一个好的广告应该能准确反映产品真正的优点，而且，文字不是在为产品辩护，而是加强这一事实。

当撰写文字说明的时候，要记住，顾客只会在他能找到一些感兴趣的信息时才会读它，所以在您写的时候一定要找到顾客的兴趣点。好好端详一下产品，想想哪些信息可以让顾客对它了解更多，还有什么细节可以强调，还可以建议什么好的使用方法，有了这些信息，顾客就更可能拿起电话订购了。

5. 选用什么样的字体

1）Times 字体是不错的选择。这些传统的字体让顾客有一种信赖感，平实的字体更能使产品引人注目。标题和文字的字体必须匹配，但是字符间距处理得更紧凑一点。Century，Garamond，Caslon 这几种字体都是不错的选择。

2）Bauhaus Heavy 字体。这是一种比较粗重的字体，本身的装饰性在整体面中有点太惹眼，会让读者忽略了产品本身。这类字体用在海报更合适，而不是用在产品广告单页上。

3）Snell Roundhand 和 Futura Heavy 字体配合。这个选择很不错，优雅的字体风格同时也配合了文字本身的意思，一般如果字体很醒目或是很风格化，这种字体和文字之间的联系就会很明显，记住，设计广告单页的目的是突出产品的特性。

6. 加上 Logo

最后要打出自己的标识，但是标识形体要小一点，有两个原因：在销售的过程中，商店是最后才被意识到的，记住自己是在卖产品，不是商店本身，同时小的标识也显得更自信。

注意

在设计一个广告或是宣传单页的时候，应想到要面对的是公众，会有很多普通大众接触到自己的设计。想像一下是在给自己的朋友介绍这种产品，形容给他听，这样对自己设计很有好处，因为自己的公众就是他们——自己的朋友和邻居。一笔好买卖是双赢的，应该顺着这个思路来设计广告。

4.1.2 平面创意的方法

平面设计的表现手法有很多种，下面详细介绍十余种，希望对读者有一定帮助。

1. 直接表示法

这是一种最常见的运用十分广泛的表现手法。它将某产品或主题直接如实地展示在广告版面上，充分运用摄影或绘画等技巧的写实表现能力。细臻刻划和着力渲染产品的质感、形态和功能用途，将产品精美的质地引人入胜地呈现出来，给人以逼真的现实感，使消费者对所宣传的产品产生一种亲切感和信任感。

这种手法由于直接将产品推向消费者面前，所以要十分注意画面上产品的组合和展示角度，应着力突出产品的品牌和产品本身最容易打动人心的部位，运用色光和背景进行烘托，使产品置身于一个具有感染力的空间，这样才能增强广告画面的视觉冲击力。

2. 突出特征法

运用各种方式抓住和强调产品或主题本身与众不同的特征，并把它鲜明地表现出来，将这些特征置于广告画面的主要视觉部位或加以烘托处理，使观众在接触画面、文字的瞬间即很快感受到，对其产生注意和发生视觉兴趣，达到刺激购买欲望的促销目的。

在广告表现中，这些应着力加以突出和渲染的特征，一般由富于个性产品形象与众不同的特殊能力、厂商的企业标志和产品的商标等要素来决定。

突出特征的手法也是我们常见的运用得十分普遍的表现手法，是突出广告主题的重要手法之一，有着不可忽略的表现价值。

3．对比衬托法

对比是一种趋向于对立冲突的艺术美中最突出的表现手法。它把作品中所描绘的事物的性质和特点放在鲜明的对照和直接对比中来表现。借彼显此，互比互衬，从对比所呈现的差别中，达到集中、简洁、曲折变化的表现。通过这种手法更鲜明地强调或提示产品的性能和特点，给消费者以深刻的视觉感受。

作为一种常见的行之有效的表现手法，可以说，一切艺术都受惠于对比表现手法。对比手法的运用，不仅使广告主题加强了表现力度，而且饱含情趣，扩大了广告作品的感染力。对比手法运用的成功，能使貌似平凡的画面处理隐含着丰富的意味，展示了广告主题表现的不同层次和深度。

4．适当夸张法

借助想象，对广告作品中所宣传的对象的品质或特性的某个方面进行相当明显的过分夸大，以加深或扩大这些特征的认识。文学家高尔基指出："夸张是创作的基本原则"。通过这种手法能更鲜明地强调或揭示事物的实质，加强作品的艺术效果。

夸张是一般中求新奇变化，通过虚构把对象的特点和个性中美的方面进行夸大，赋予人们一种新奇与变化的情趣。

按其表现的特征，夸张可以分为形态夸张和神情夸张两种类型，前者为表象性的处理品，后者则为含蓄性的情态处理品。通过夸张手法的运用，为广告的艺术美注入了浓郁的感情色彩，使产品的特征性鲜明、突出、动人。

5．以小见大法

在广告设计中对立体形象进行强调、取舍、浓缩，以独到的想象抓住一点或一个局部加以集中描写或延伸放大，以更充分地表达主题思想。这种艺术处理以一点观全面、以小见大、从不全到全的表现手法，给设计者带来了很大的灵活性和无限的表现力，同时为接受者提供了广阔的想象空间，获得生动的情趣和丰富的联想。

以小见大中的"小"，是广告画面描写的焦点和视觉兴趣中心，它既是广告创意的浓缩和升华，也是设计者匠心独具的安排，因为它已不是一般意义的"小"，而是小中寓大，以小胜大的高度提炼的产物，是简洁的刻意追求。

例如，一则交通安全广告以鸡蛋"躯壳易碎，请系安全带"的奥妙手法，以小见大展示了设计的主题。

6．运用联想法

在审美的过程中通过丰富的联想，能突破时空的界限，扩大艺术形象的容量，加深画面的意境。

通过联想，人们在审美对象上看到自己或与自己有关的经验，美感往往显得特别强烈，从而使审美对象与个体融合为一体，在产生联想过程中引发了美感共鸣，其感情的强度总是激烈的、丰富的。

7．富于幽默法

幽默法是指广告作品中巧妙地再现喜剧性特征，抓住生活现象中局部性的东西，通过人们的性格、外貌和举止的某些可笑的特征表现出来。

幽默的表现手法，往往运用饶有风趣的情节，巧妙的安排，把某种需要肯定的事物，无限延伸到漫画的程度，造成一种充满情趣，引人发笑而又耐人寻味的幽默意境。幽默的矛盾冲突可以达到出乎意料之外，又在情理之中的艺术效果，勾引起观赏者会心的微笑，以别具一格的方式，发挥艺术感染力的作用。

8．借用比喻法

比喻法是指在设计过程中选择两个各不相同，而在某些方面又有些相似性的事物，“以此物喻彼物”，比喻的事物与主题没有直接的关系，但是某一点上与主题的某些特征有相似之处，因而可以借题发挥，进行延伸转化，获得“婉转曲达”的艺术效果。

与其他表现手法相比，比喻手法比较含蓄隐伏，有时难以一目了然，但一旦领会其意，便能给人以意味无尽的感受。

9．以情托物法

艺术的感染力最有直接作用的是感情因素，审美就是主体与美的对象不断交流感情产生共鸣的过程。艺术有传达感情的特征，“感人心者，莫先于情”这句话已表明了感情因素在艺术创造中的作用，在表现手法上侧重选择具有感情倾向的内容，以美好的感情来烘托主题，真实而生动地反映这种审美感情就能获得以情动人，发挥艺术感染人的力量，这是现代广告设计的文学侧重和美的意境与情趣的追求。

10．悬念安排法

在表现手法上故弄玄虚，布下疑阵，使人对广告画面乍看不解题意，造成一种猜疑和紧张的心理状态，在观众的心理上掀起层层波澜，产生夸张的效果，驱动消费者的好奇心和强烈举动，开启积极的思维联想，引起观众进一步探明广告题意之所在强烈愿望，然后通过广告标题或正文把广告的主题点明出来，使悬念得以解除，给人留下难忘的心理感受。

悬念手法有相当高的艺术价值，它首先能加深矛盾冲突，吸引观众的兴趣和注意力，造成一种强烈的感受，产生引人入胜的艺术效果。

11．选择偶像法

在现实生活中，人们心里都有自己崇拜、仰慕或效仿的对象，而且有一种想尽可能地向他靠近的心理欲求，从而获得心理上的满足。这种手法正是针对人们的这种心理特点运用的，它抓住人们对名人偶像仰慕的心理，选择观众心目中崇拜的偶像，配合产品信息传达给观众。由于名人偶像有很强的心理感召力，故借助名人偶像的陪衬，可以大大提高产品的印象程度与销售地位。树立名牌的可信度，产生不可言喻的说服力，诱发消费者对广告中名人偶像所赞誉的产品的注意激发起购买欲望。偶像的选择可以是柔美风流的超级女明星，气质不凡举世闻名的男明星，也可以是驰名世界体坛的男女高手，其他的还可以选择政界要人、社会名流、艺术大师、战场英雄、俊男美女等。偶像的选择要与广告的产品或劳务在品格上相吻合，不然会给人牵强附会之感，使人在心理上予以拒绝，这样就不能达到预期的目的。

12. 谐趣模仿法

这是一种创意的引喻手法，别有意味地采用以新换旧的借名方式，把世间一般大众所熟悉的名画等艺术品和社会名流等作为谐趣的图像，经过巧妙的整形，使名画名人产生谐趣感，给消费者一种崭新奇特的视觉印象和轻松愉快的趣味性，以其异常、神秘感提高广告的吸引力，增加产品身价和注目度。

这种表现手法将广告的说服力，寓于一种近乎漫画式的诙谐情趣中，使人赞叹，令人发笑，让人过目不忘，留下饶有奇趣的回味。

13. 神奇迷幻法

运用畸形的夸张，以无限丰富的想象构织出神话与童话般的画面，在一种奇幻的情景中再现现实，造成与现实生活的某种距离，这种充满浓郁浪漫主义，写意多于写实的表现手法，以突然出现的神奇的视觉感受，很富于感染力，给人一种特殊的美感，可满足人们喜好奇异多变的审美情趣的要求。

在这种表现手法中艺术想象很重要，它是人类智力发达的一个标志，干什么事情都需要想象，艺术尤其这样。可以毫不夸张地说，想象就艺术的生命。

从创意构想开始直到设计结束，想象都在活跃地进行。想象的突出特征，是它的创造性，创造性的想象是新的意蕴的挖掘开始，是新的意象的浮现展示。它的基本趋向是对联想所唤起的经验进行改造，最终构成带有审美者独特创造的新形象，产生强烈打动人心的力量。

14. 连续系列法

通过连续画面，形成一个完整的视觉印象，使通过画面和文字传达的广告信息十分清晰、突出、有力。

广告画面本身有生动的直观形象，多次反复地不断积累，能加深消费者对产品或劳务的印象，获得好的宣传效果，对扩大销售、树立名牌、刺激购买欲、增强竞争力有很大的作用。对于作为设计策略的前提，确立企业形象更有不可忽略的重要作用。

作为设计构成的基础，形式心理的把握是十分重要的，从视觉心理来说，人们厌弃单调划一的形式，追求多样变化，连续系列的表现手法符合“寓多样于统一之中”这一形式美的基本法则，使人们于“同”中见“异”，于统一中求变化，形成既多样又统一，既对比又和谐的艺术效果，加强了艺术感染力。

4.2 文字在平面设计中的魅力

文字是人类文化的重要组成部分。无论在何种视觉媒体中，文字和图片都是其两大构成要素。文字排列组合的好坏，直接影响着版面的视觉传达效果。因此，文字设计是增强视觉传达效果，提高作品的诉求力，赋予版面审美价值的一种重要构成技术。 在这里，主要谈谈在平面设计中文字设计的几条原则，以及文字组合中应注意的几点。特别强调一下，这部分工作应该是人脑完成的工作，计算机是无法代替的。下面分别从以下几个方面具体讲述文字排列在平面设计中的运用，各小节都配有生动精彩的图例剖析。

文字版面的设计同时也是创意的过程，创意是设计者的思维水准的体现，是评价一件设计作品好坏的重要标准。在现代设计领域，一切制作的程序由计算机代劳，使人类的劳动仅限于思维上，这是好事，可以省却了许多不必要的工序，为创作提供了更好的条件。但在某些必要的阶段上，应该记住：人，毕竟才是设计的主体。

4.2.1 明明白白文字的心

文字的主要功能是在视觉传达中向大众传达作者的意图和各种信息，要达到这一目的必须考虑文字的整体诉求效果，给人以清晰的视觉印象。因此，设计中的文字应避免繁杂零乱，使人易认、易懂，切忌为了设计而设计，忘记了文字设计的根本目的是为了更好、更有效地传达作者的意图，表达设计的主题和构想意念。

1）让想表达的内容清晰、醒目，让阅览者一开始就能明白设计者的意思。如图 4-1 所示，用的是什么字体？能立刻反映出来吗？

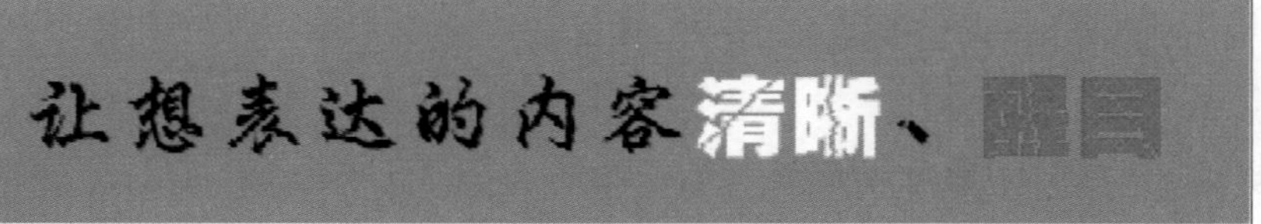

■图 4-1　多样的字体表达

2）避免使用不清晰的字体，否则容易使阅览者产生反感和麻烦（除非您需要这种特效），如图 4-2 所示的效果是不可取的。

避免使用不清晰的字体

■图 4-2　使用不清晰字体的效果

3）不要让字体太瘦小，如图 4-3 所示的瘦小字体会使读者疲劳，影响创作效果。

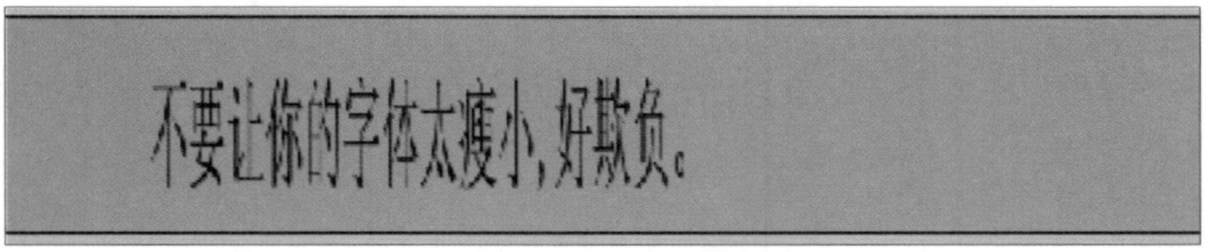

不要让你的字体太瘦小，好欺负。

■图 4-3　瘦小的字体效果

4）要放纵的字体效果如图 4-4 所示。

要你放纵的字体，你也可以这样...放纵

■图 4-4　放纵文字的效果

5）在编排时，文字的方向要注意安排阅览者的视线顺序，如图 4-5 所示的效果，或者也可是如图 4-6 所示的效果。

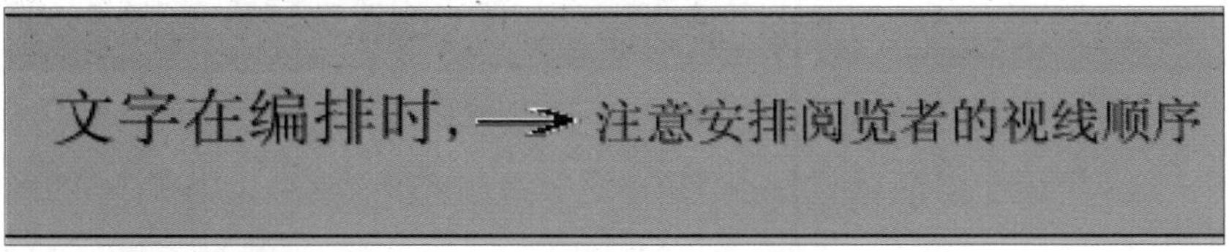

文字在编排时，→注意安排阅览者的视线顺序

■图 4-5　文字编排的顺序

文字在编排时，→注意安排阅览者的视线顺序

■图 4-6　文字编排效果

6）把重点文字放在右边，以便突出中心，如图 4-7 所示。

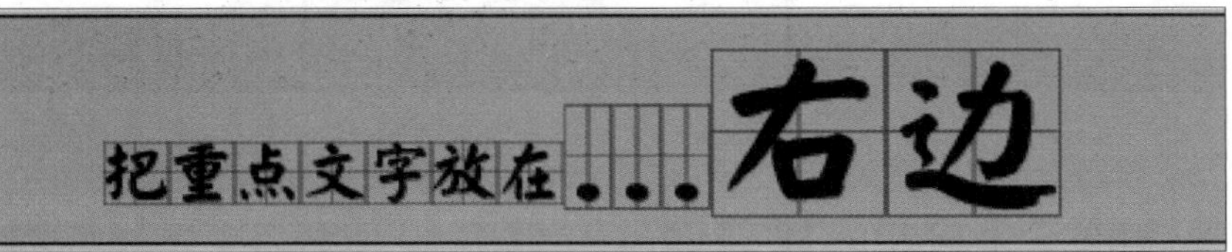

■图 4-7　突出表现效果

4.2.2　摆放好文字的位置

文字在画面中的安排要考虑到全局的因素，不能有视觉上的冲突。否则在画面上主次不

分，很容易引起视觉顺序的混乱。而且作品的整个含义和气氛都可能会被破坏，这是一个很微妙的问题，需要心去体会。细节的地方也一定要注意，1 个像素的差距有时候会改变您整个作品的味道，往往一个精彩就在这 1 个像素之间。

下面举几个例子。

1．安排好文字和图形之间的交叉错合，既不要影响图形的观看，也不能影响文字的阅览，如图 4-8 所示的效果。

■图 4-8　文字布局效果之一

2．不要爱好死角（有意安排这种效果的不在此例），如图 4-9 的效果是不可取的。

■图 4-9　文字布局效果之二

3．文字一定不要全部都顶着画面的边角，这样看起来很不专业，如图 4-10 所示的效果。

■图 4-10　文字布局效果之三

4．文字之间留有适当的间隙，给人以宽松舒适的视觉效果，如图 4-11 所示的效果。后者看起来好一点。

■图 4-11　文字布局效果之四

4.2.3　在视觉上应给人以美感

在视觉传达的过程中，文字作为画面的形象要素之一，具有传达感情的功能，因而它必须具有视觉上的美感，能够给人以美的感受。字型设计良好，组合巧妙的文字能使人感到愉快，留下美好的印象，从而获得良好的心理反应。反之，则使人看后心里不愉快，视觉上难以产生美感，甚至会让观众拒而不看，这样势必难以传达出作者想表现出的意图和构想。

下面举几个例子。

1）这是一个带有图形的文字版面，如图 4-12 所示的效果，也许认为这样也不错了。

■图 4-12　平淡的版面效果

但是是不是太平淡了呢？改一下文字的位置和大小，效果又会怎么样呢？如下图 4-13 所示的效果。

■图 4-13　改变版面后的效果

感觉到了什么吗？其实就是这么微妙，有时只是一点小变化，味道却不一样多了。

2）小字与大字的疏密，可以在视觉上给人全新的感受，图 4-14~图 4-17 所示的效果如下。

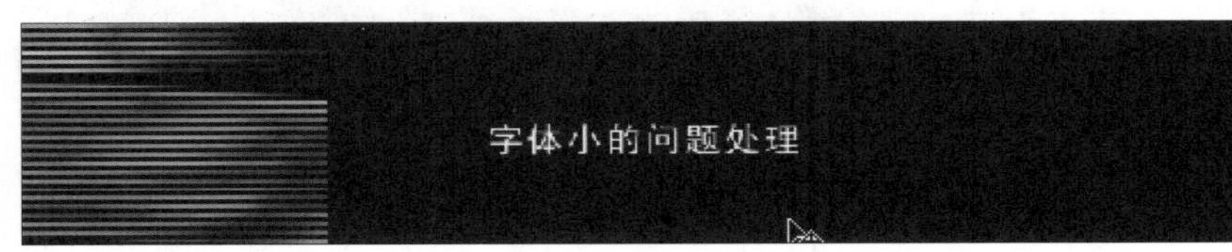

■图 4-14　文字疏密效果之一

改一下看看，加大其距离好一点了吗？

■图 4-15　文字疏密效果之二

对于大的字体，要反其道行之。

■图 4-16　文字疏密效果之三

调整后是这样，看起来紧凑而且字与字之间的对应关系也出来了。

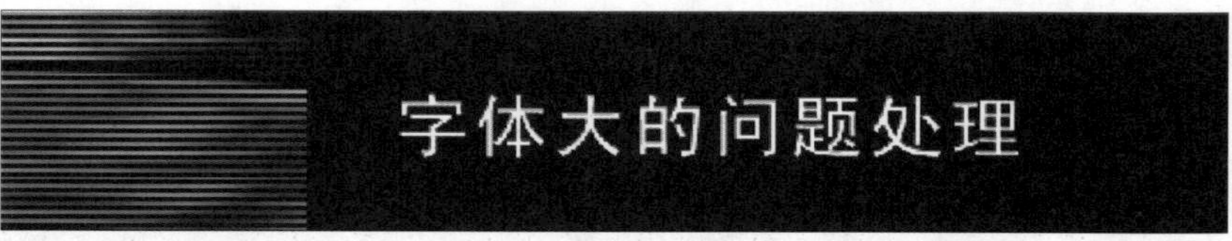

■图 4-17　文字疏密效果之四

3）再看看段落文字的处理。字体加大后，段落之间的距离也应该随之调整（在这里小字体同样应用这一规则，不过是相反的）。例如，没有调整段落距离的时候，效果如图 4-18 所示。

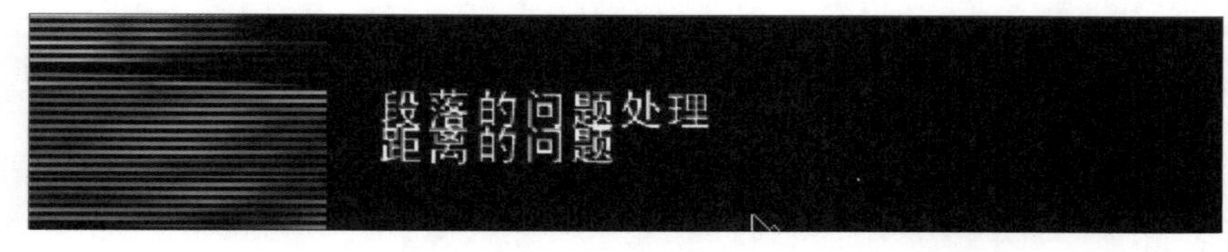

■图 4-18　段落文字效果之一

调整后的效果，如图 4-19 所示。

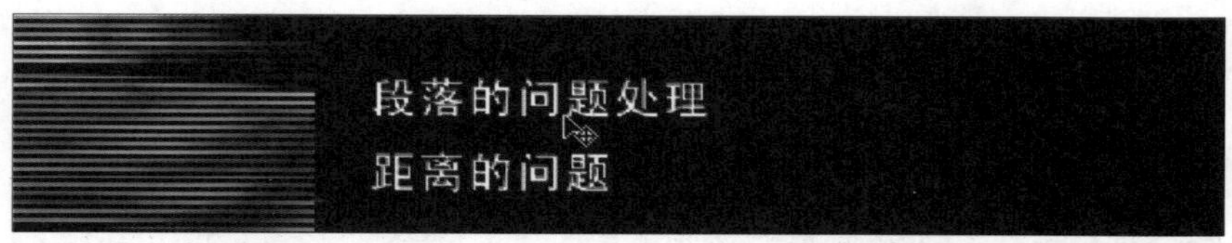

■图 4-19　段落文字效果之二

如果有多个段落，就要注意更多的问题，比如主次和轻重，以及在内容表达当方面的重要程度等，如图 4-20 所示。

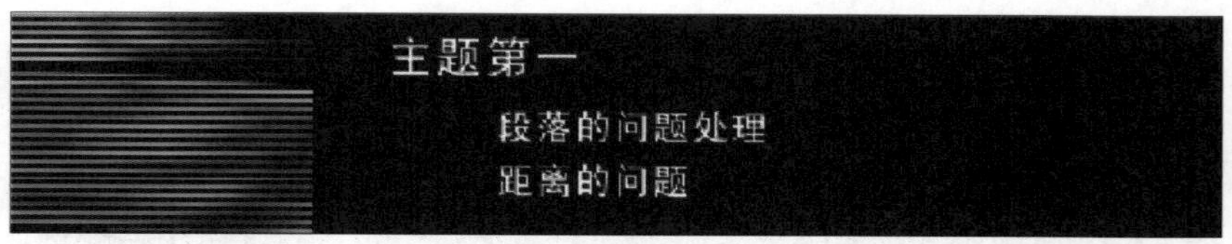

■图 4-20　段落文字的效果之三

4.2.4　在设计上要富于创造性

根据作品主题的要求，突出文字设计的个性色彩，创造与众不同的独具特色的字体，给人以别开生面的视觉感受，有利于作者设计意图的表现。设计时，应从字的形态特征与组合上进行探求，不断修改，反复琢磨，这样才能创造出富有个性的文字，使其外部形态和设计格调都能唤起人们的审美愉悦感受。

下面举几个例子。

1. 美化版面

这是一个很普通的文字版面，如图 4-21 所示。

■图 4-21　普通的文字版面效果

那么加一点自己的感受在里面，对文字的大小、颜色、间距、透明度做些调整，就会是完全不同的效果了，如图 4-22 所示。

■图 4-22　美化后的文字的效果

2. 用图形说话

根据画面或作品的要求，可以使用一些图形化的文字（这可是汉字设计的一种新观点）。注：所谓“文字图形化”即将文字笔画做合理的变形搭配，使之产生类似有机或无机图形的趣味。强调字体本身的结构美和笔画美。

如图 4-23 是一幅图文并茂的卡通广告：

开始好象总感觉文字在这里面的表现力有些苍白了。对主题的表达没有什么帮助。那么试一下改成如图 4-24 所示的那样。

■图 4-23　设计初样

■图 4-24　修改后的效果

卡通及食物的味道出来了吗？在一定的条件下，确实不能用计算机中提供的字体，必须要自己创造。这也是汉字魅力所在的地方。

比如这个没有经过太多的考虑的商标，如下图 4-25 所示的效果。

■图 4-25　商标效果之一

经过设计后的效果，如图 4-26 所示。

■图 4-26　商标效果之二

差别就在这里，也许只是一点小改动，但是需要思考的却更多。有时候对文字的笔画做特殊的加工处理往往会产生一些意想不到的效果。而这样的处理是带有创造性的，同时人性化的味道也会更浓一些。这是计算机字体所无法替代的效果，而且富于创造性的设计带给观看者的感受自然会要强烈得多。

4.2.5　更复杂的应用

文字不仅要在字体上和画面配合好，甚至颜色和部分笔画都要加工，这样才能达到更完整的效果。而这些细节的地方需要的是耐心和功力。记住一定要有自己的想法和感受在里面，如果想表达自己对作品的态度，就不要在文字上偷懒，这也是不能偷懒的地方。对作品而言，每一件作品都有其特有的风格。在这个前提下，一个作品版面上的各种不同字体的组合，一定要具有一种符合整个作品风格的风格倾向，形成总体的情调和感情倾向，不能各种文字自成一种风格，各行其事。总的基调应该是整体上的协调和局部的对比，于统一之中又具有灵动的变化，从而具有对比和谐的效果。这样，整个作品才会产生视觉上的美感，符合人们的欣赏心理。 除了以统一文字个性的方法来达到设计的基调外，也可以从方向性上来形成文字统一的基调，以及色彩方面的心理感觉来达到统一基调的效果，如图 4-27 和图 4-28 所示。

■图 4-27　创作前的效果

■图 4-28　修改后的效果

下面讲讲更高层次的文字版面的安排。

这里已经是没有规律可遵守了，这是完全以表达自身感受为主的，更多的依赖作者的设计功力和对文字设计火候的把握，以及对自身情感表现的欲望强烈程度。没有激情的文字版面是苍白的，只有激情的文字版面是无力的。激情加上技艺的设计是震撼的。这要求设计者的创新概念和大胆构思，不必固执于条条框框。

马志文先生签名设计创意印象，如图 4–29 所示。

图 4–29　马志文先生签字印象

4.3　平面创意实例：影楼宣传单页

有了广告创意后，就要把它制作出来。下面以影楼宣传单页为例，来阐述广告创意的制作流程。

STEP 1　运行 Photoshop CS5，执行菜单栏上的“文件”→“新建”命令，打开“新建”对话框。将“宽度”设置为“450 像素”、“高度”设置为“600 像素”、“分辨率”设置为“300 像素/英寸”、“颜色模式”设置为“RGB 颜色”，其他设置保持默认，如图 4–30 所示。

STEP 2　单击“确定”按钮，完成文件的新建。然后新建一个图层，命名为“背景效果”，设置文档的前景色为 R=245，G=236，B=93，背景色为 R=238，G=135，B=34。然后执行菜单栏上的“滤镜”→“渲染”→“云彩”命令，效果如图 4–31 所示。

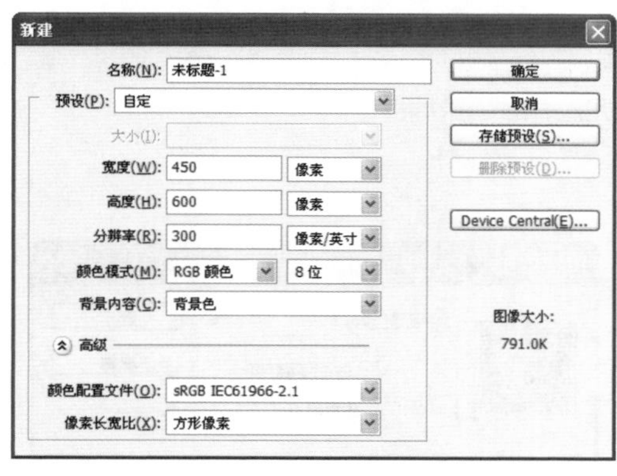

图 4–30　设置“新建”对话框

图 4–31　设置“云彩”效果

STEP 3 复制一个“背景效果”图层，得到“背景效果副本”图层，然后执行菜单栏上的“滤镜”→“渲染”→“分层云彩”命令，效果如图 4-32 所示。

图 4-32 设置“分层云彩”效果

STEP 4 在图层面板上，设置该图层的混合模式为“叠加”，效果如图 4-33 所示。

图 4-33 设置图层的“混合模式”效果

STEP 5 合并所有图层为“背景”层。新建一个“图案填充”图层，然后单击“图层”面板下面的“创建新的填充或调整图层”按钮，选择“图案”命令，打开“图案填充”对话框，选择“金属生锈”图案，设定参数如图 4-34 所示。

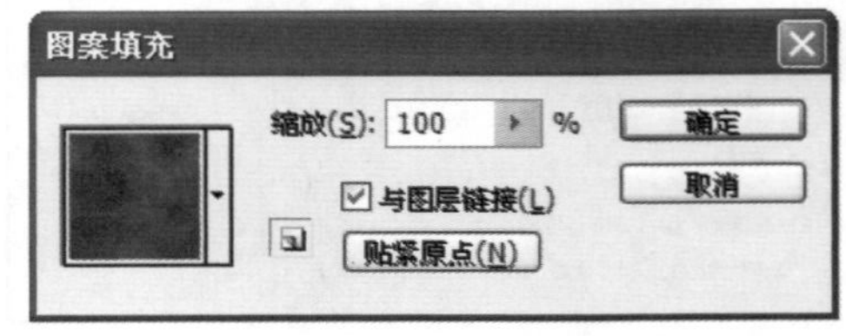

图 4-34 设置“图案填充”对话框

STEP 6 设置完成后，单击“确定”按钮，完成图案的填充。然后设置“图案填充”层的“不透明度”为35%，效果如图 4-35 所示。

STEP 7 打开人物素材图片，如图 4-36 所示。将“素材 1”拖进已做好的“背景”层的上一层，命名为“人物”层。

图 4-35 设置“图案填充”层的不透明度

图 4-36 置入人物素材

STEP 8 单击工具箱中的“魔棒工具”，做出人物的选区。然后添加蒙板，效果如图 4-37 所示。

图 4-37 添加蒙板

STEP 9　新建一个图层，命名为“椭圆框”层。单击工具箱中的“椭圆选框工具”，绘制出一个椭圆选区，然后变换选区，调整好位置和大小，如图 4-38 所示。

图 4-38　绘制椭圆选区

STEP 10　调整完成后，填充前景色，然后复制一个“椭圆框”层，命名为“椭圆框副本”层，如图 4-39 所示。

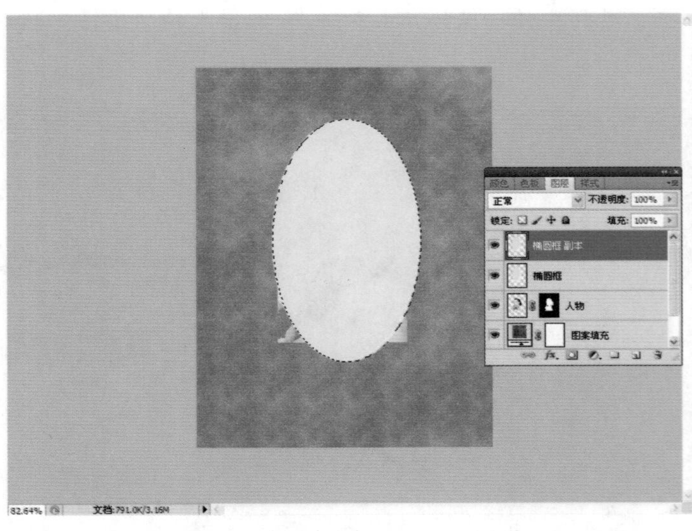

图 4-39　复制“椭圆框”图层

STEP 11　选择“椭圆框副本”层，再做一个小点的椭圆选区，然后选择工具箱中的“移动工具”，单击属性栏上的“水平居中”和“垂直居中”按钮，让“椭圆选区”和“椭圆副本框”层进行“水平居中”和“垂直居中”对齐，然后按〈Delete〉键删除，效果如图 4-40 所示。

图 4-40　绘制小椭圆选区

STEP 12　选择“椭圆框副本”层，执行菜单栏上的“图像”→“调整”→“色相/饱和度”命令，弹出“色相/饱和度”对话框，设定参数如图 4-41 所示。

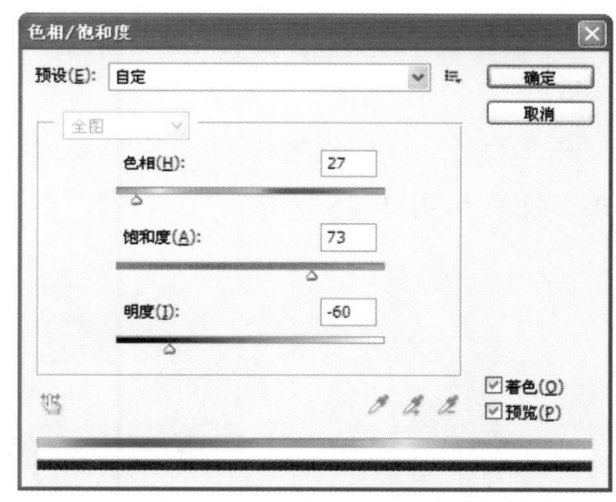

图 4-41　设置“色相/饱和度”对话框

STEP 13　设置完成后，单击“确定”按钮，完成后的效果如图 4-42 所示。

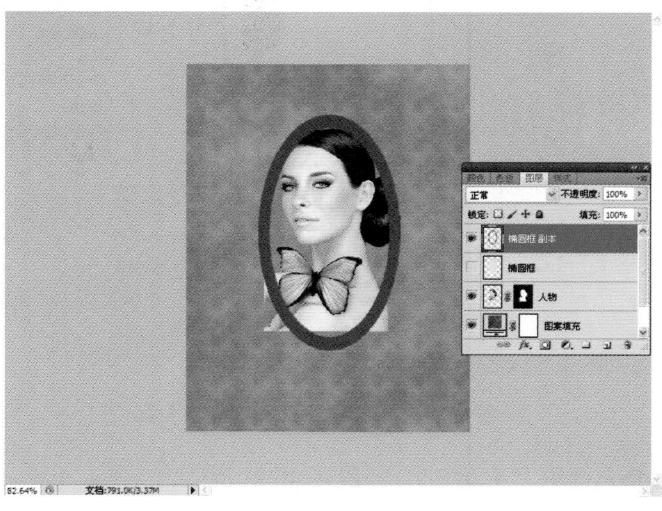

图 4-42　设置后的效果

STEP 14　接下来给“椭圆框副本”层添加图层样式，参数设定如图 4-43、图 4-44 所示。

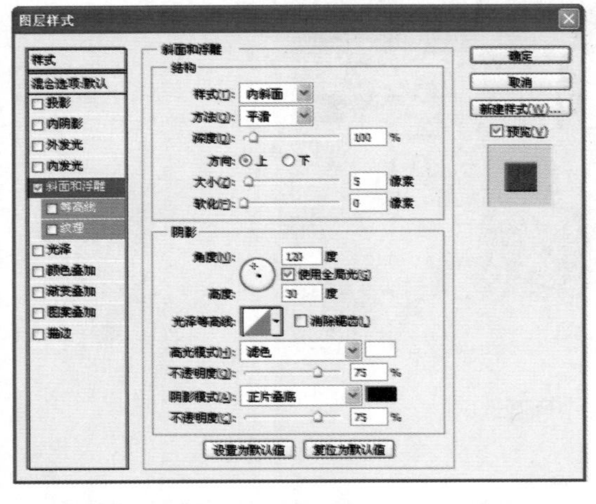

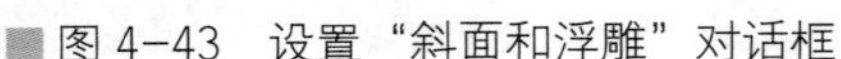
■ 图 4-43　设置“斜面和浮雕”对话框

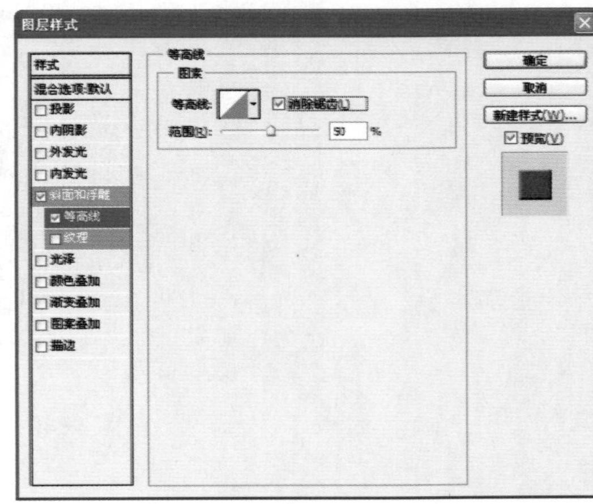

■ 图 4-44　设置“等高线”对话框

STEP 15　单击选择“人物”图层的蒙板缩略图，用黑色画笔把露在椭圆框外的图案擦掉，效果如图 4-45 所示。

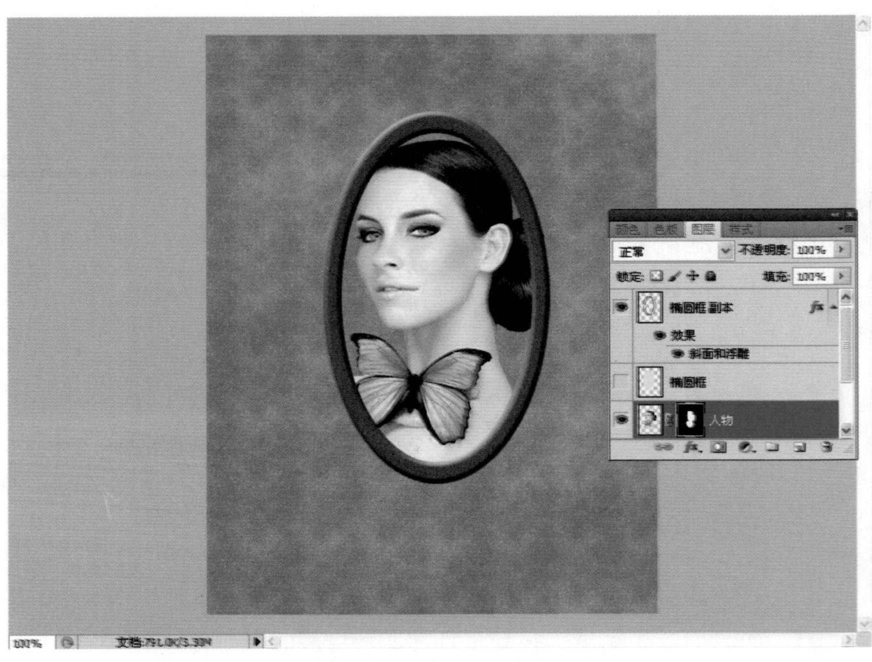

■ 图 4-45　擦除露在椭圆框外的图案

STEP 16　打开光盘中“素材 2”，如图 4-46 所示。

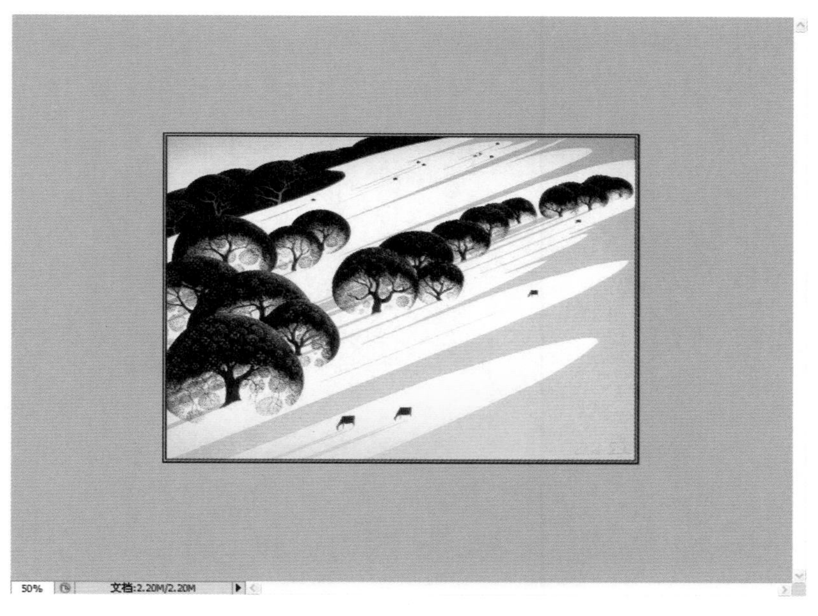

图 4-46　打开“素材 2”

STEP 17　执行菜单栏上的“图像”→“调整”→“色相/饱和度”命令，弹出“色相/饱和度”对话框，设定参数如图 4-47 所示。

STEP 18　复制“背景”图层，命名为“背景副本”层。然后执行菜单栏上的“滤镜”→“模糊”→“动态模糊”命令，弹出“动感模糊”对话框，设定参数如图 4-48 所示。

STEP 19　给“背景副本”层添加蒙板，然后用黑色的画笔擦树，让树保持原有的清晰，合并所有图层，效果如图 4-49 所示。

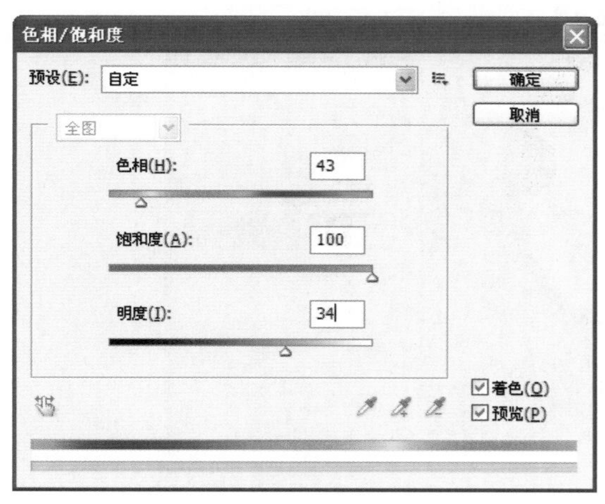

图 4-47　设置“色相/饱和度”对话框

图 4-48　设置“动感模糊”对话框

■图 4–49　添加蒙板

STEP 20　将处理好的“素材 2”拖动到“椭圆框”层的上一层，用“自由变换”命令调整大小和位置，命名为“景色”层。并将两个图层进行编组（添加剪贴蒙板）。这时的效果和图层顺序如图 4–50 所示。

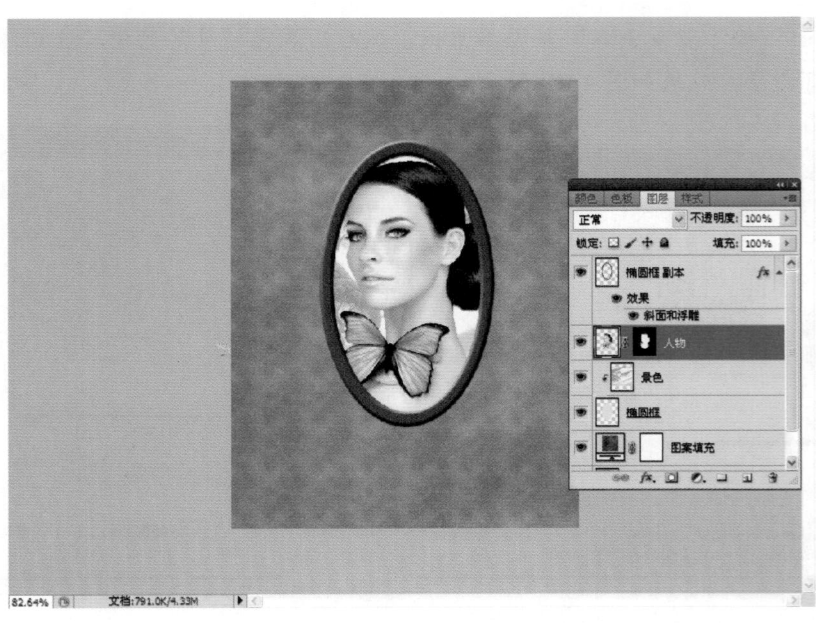

■图 4–50　创建剪贴蒙板

STEP 21　打开光盘中“素材 3”如图 4-51 所示。

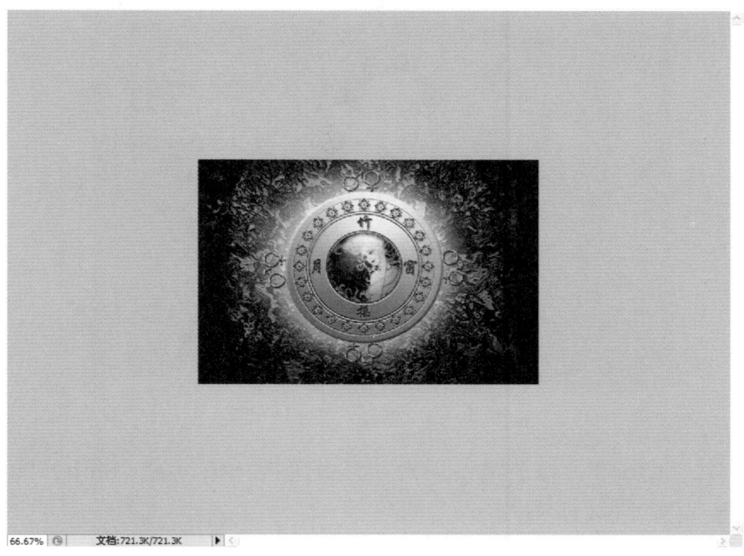

图 4-51　打开“素材 3”

STEP 22　选择工具箱中的“椭圆选框工具”，按〈Shift+Alt〉组合键从中心向外绘制一个正圆的选区，效果如图 4-52 所示。

图 4-52　绘制正圆选区

STEP 23　按〈Ctrl〉键将选区内的图片拖到文件中，放在最上层，并命名为“正圆”层，效果如图 4-53 所示。

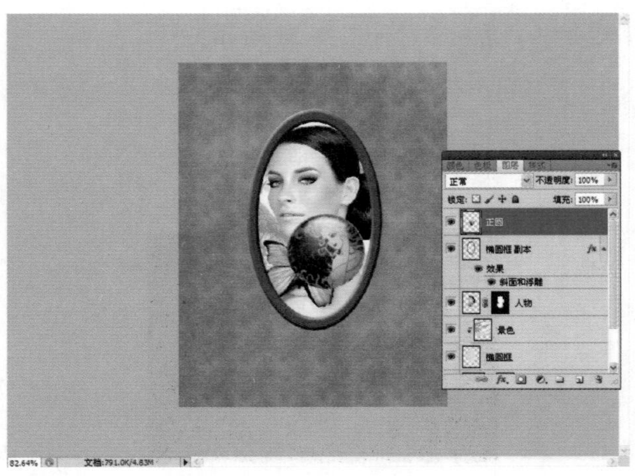

■图 4-53　拖动“正圆”图层

STEP 24　按〈Ctrl+T〉组合键，调出“自由变换”框，按〈Shift〉键把图像等比例缩小成宝石状，效果如图 4-54 所示。

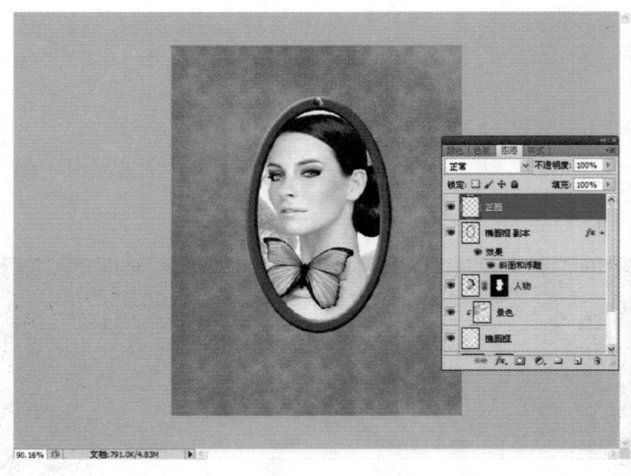

■图 4-54　等比例缩小“正圆”图层

STEP 25　下面我们来分别给“正圆”图层添加“色相/饱和度”和“色彩平衡”效果，具体参数设置如图 4-55 ~ 图 4-58 所示。完成后的效果如图 4-59 所示。

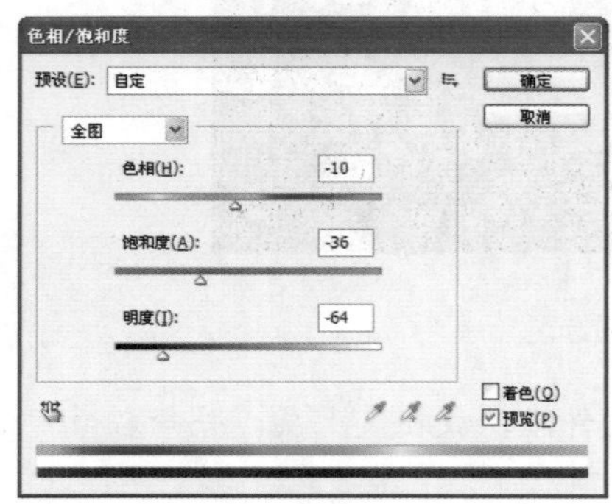

■图 4-55　设置“色相/饱和度”对话框

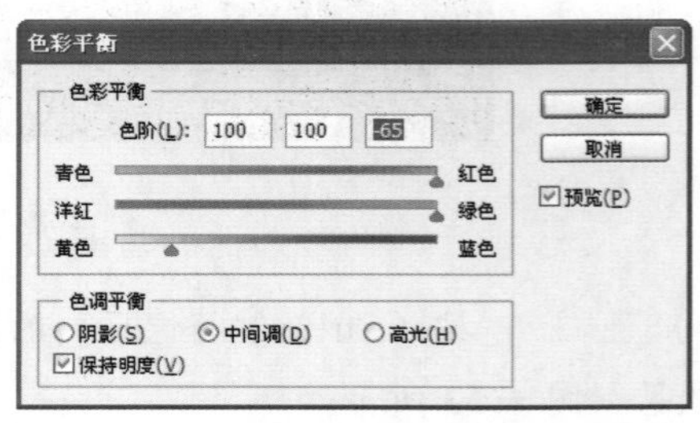

■图 4-56　设置“色彩平衡”对话框

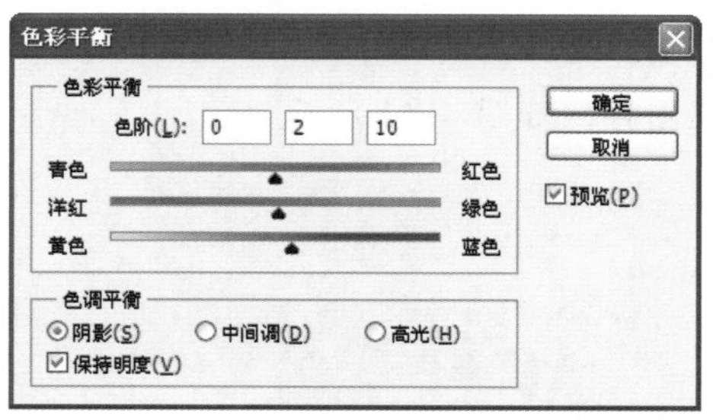

■图 4-57　设置“色彩平衡”对话框

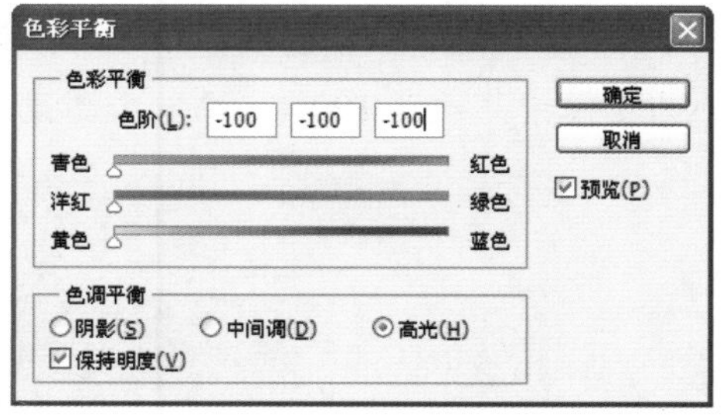

■图 4-58　设置“色彩平衡”对话框

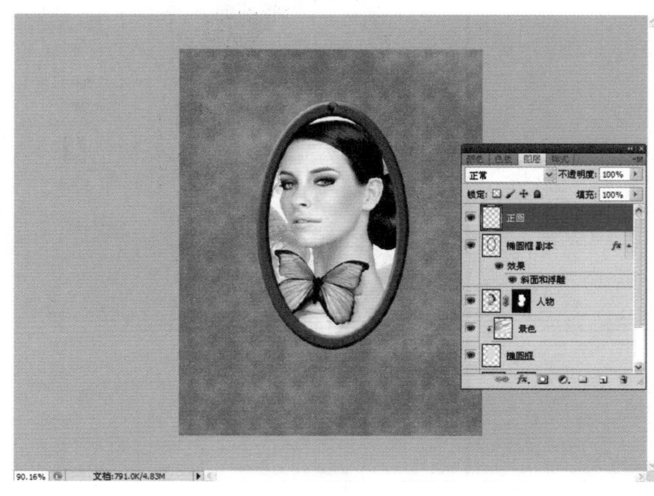

■图 4-59　设置完成后的效果

STEP 26　按〈Ctrl〉键的同时单击“正圆”层，调出正圆的选区，按〈Alt〉键进行复制，拖放在相应的位置，效果如图 4-60 所示。

■图 4-60　复制“正圆”

STEP 27　新建一个图层，命名为“边框”层。选择工具箱中的“画笔工具”，设置大小为 1 像素，硬度 100%，画一个图案作边框图样，如图 4-61 所示。

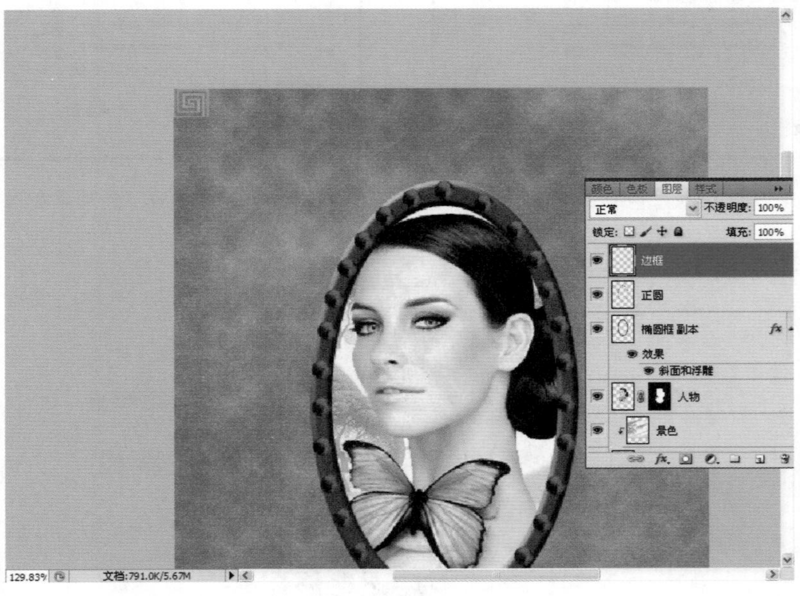

图 4-61　绘制边框

STEP 28　然后复制“边框”图层，调整好位置，分别放在四周，完成后的效果如图 4-62 所示。

图 4-62　复制边框

STEP 29 选择"背景"层，然后执行菜单栏上的"滤镜"→"渲染"→"光照效果"命令，弹出"光照效果"对话框，设定参数如图 4-63 所示。

STEP 30 设置完成后，单击"确定"按钮，然后选择"椭圆框副本"层，添加"图案叠加"样式，设定参数如图 4-64 所示。

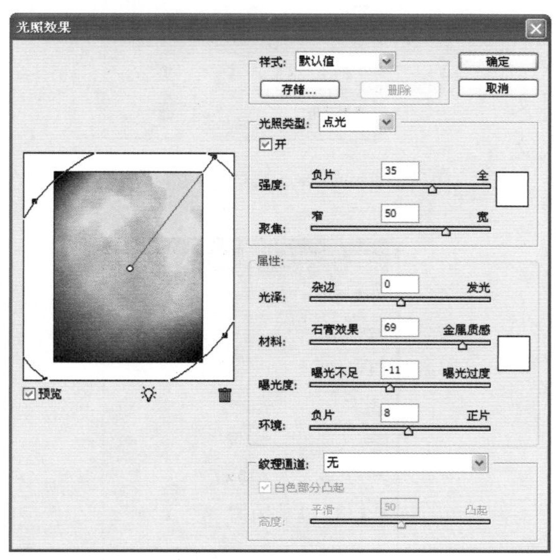

图 4-63 设置"光照效果"对话框

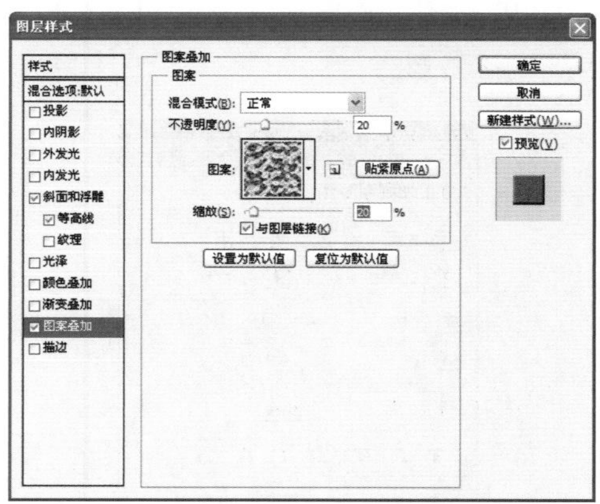

图 4-64 设置"图案叠加"样式

STEP 31 设置完成后的效果如图 4-65 所示。

图 4-65 设置完成后的效果

STEP 32　单击工具箱中的“横排文字工具”[T]，属性设置如图 4-66 所示。输入文字：古典影楼，然后设置图层的不透明度为 55%，

STEP 33　同样选择工具箱中的“横排文字工具”[T]，属性设置如图 4-67 所示。输入文字：零距离。

STEP 34　然后再选择工具箱中的“横排文字工具”[T]，属性设置如图 4-68 所示。输入文字：风格摄影。

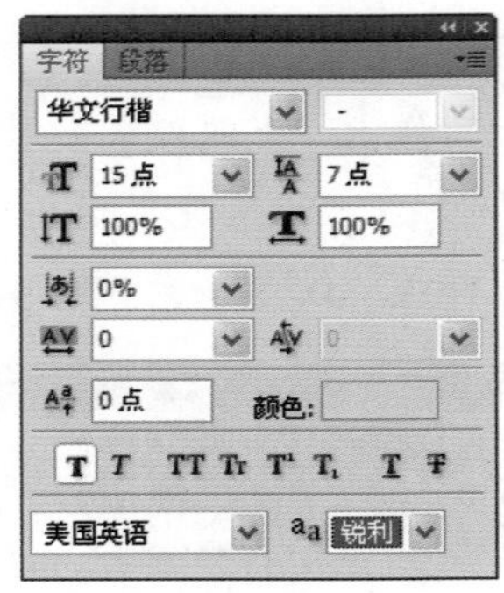

■图 4-66　设置文字的“属性”

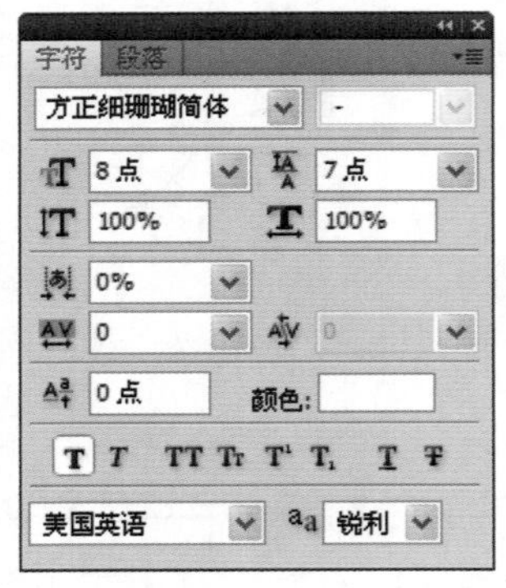

■图 4-67　设置文字的“属性”

■图 4-68　设置文字的“属性”

STEP 35　最后输入地址、电话等内容，一个影楼的宣传单页就设计完成了，完成后的效果如图 4-69 所示。

■图 4-69　输入文字后的效果

第5章

车体广告设计

在平日里穿梭于市区街道的各种车辆上，除车体本身底色和各式标志外，无论是公交车、出租车、箱式货车，还是私人轿车、三轮车，其车体颜色、形象标志越来越多。在这些五颜六色的车体上，名目繁多、创意各异的广告也让人目不暇接。与电视广告和报纸广告相比，车体广告如果做到“精致”“创意”的层面，车体广告就显得实惠抢眼多了。本章正是从这个角度入手，重点阐述了车体广告的创意、车体广告的表现形式，以及车体广告的制作技术和流程等。

5.1 车体广告设计创意指导

流动车体广告对于传播品牌和产品具有很好的作用。随着社会的进步，各种各样的广告越来越多，几乎到了无孔不入的地步。面对这些铺天盖地的广告，要想让行人在这些目不暇接的广告中，迅速记住自己的品牌并留下很深的印象，只有在车体广告创意方面要与众不同。下面，将就如何做车体广告设计的知识进行一些有价值的探讨。

5.1.1 车体广告的表现形式

从投放内容上看，公交车广告的诉求点主要是以品牌形象为主，以产品为辅助。公交车车身广告上往往放一些基本元素，比如某产品体、Logo 和产品，或是一些荣誉标识。虽然某产品也有央视广告和产品促销活动，但是以配合电视广告和配合产品促销为主要目的的公交车广告并不多。

从车身广告版位设计，车身广告主要是全车身、车身两侧或车尾的发布，尚未加入广告创意元素，也尚未做到充分利用车身本身所具有的一些特性。车身媒体是可移动，如啤酒广告利用轮胎，将啤酒横放在轮胎上，在视觉效果上让人感觉轮胎随着这啤酒瓶在运动；轮胎是黑色的圆，像人的眼睛，如化妆品（眼霜）广告利用轮胎做“眼睛”，在轮胎的上方画两道“眉毛”，活脱脱的女人化妆品广告就勾勒出来了；儿童娱乐场所广告利用车窗，在车窗上画一只只正在乘公交车的熊猫和狗等，童话世界无比快乐。

公交车车身广告如何做到创意创新也取决于广告产品本身的一些特性和公交车广告的一些规则。就广告产品特性来说，比如飞机、轮船和摩托车等产品本身与公交车同属于交通工具，在制作它们的公交车车身广告时，它们可以充分“借用”公交车的车轮。被褥是软的，运输时一般是被绑成一捆一捆的，被褥的公交车车身广告可以利用被褥“绑”的特点，把被褥“绑”在公交车车身上，公交车带了被褥穿梭在城市的大街小巷，可谓“风光无限”。

与电视广告和报纸广告相比，公交车车身广告如果做到“精致”“创意”的层面，车身广告就显得实惠多了。一般来说，长期车身广告配合间歇式投放的电视广告，可以达到长期维持品牌的知名度的目的。在没有电视广告投放的情况下，间歇式车身广告投放可以维持产品知名度。另外，车身广告可以作为电视广告的延续，可以达到用最低的成本、最长时间地延长产品的知名度。当然如果公司腰包够“鼓”，长期电视广告与车身广告同时叠加投放，则可以实现一定时间内达到最大的广告效果。

5.1.2 车体广告的制作技术

一般来说车体广告制作技术有喷绘、写真、大型丝网印刷等。在制作过程中，可根据车体广告的用途，采用不同的印刷技术。下面将就这点进行详细的阐述。

1. 车体广告的特点

车体广告，顾名思义，是一种将车体作为印刷媒体的广告形式，其特点是简捷、主题鲜明。车体广告分为商业性广告及装饰性广告。

商业性广告是根据广告商的要求借助车体这一流动载体，印制与广告相关的图文，进行商业现场宣传。

装饰性广告则是融合汽车制造商的设计理念要求，根据车体的特点设计出符合每款车型、突出装饰个性化的广告贴花，例如，有的采用色块组合，有的采用加网图案。装饰性车体广告图案规格（长度）大致可分为以下几种。

1）小型（轿车）：一般在 1m 以内，主要起点缀作用。

2）中型（旅行车爱普生，面包车）：1～3m 之间。

3）大型（巴士）：3m 以上。

车体广告制作技术有喷绘、写真、大型丝网印刷等，有时也可同时采用几种技术以达到最佳装饰效果。如商业性广告，由于数量少，采用丝网印刷成本高，所以常用喷绘、写真等技术；而装饰性车体广告由于厂家批量大按需印刷，且保留时间长，大多采用丝网印刷将装饰性图文印刷在不干胶材料上，再转移到车体的相应位置上。

2. 车体广告制作

车体广告的制作大致分为 3 个阶段：印前处理、印刷加工、后期制作。

印前处理：根据客户的要求进行画面的计算机设计及处理，以得到形象逼真的效果，再借助底稿制作出胶片。

印刷加工：一般分为丝网准备、制版、印刷。

（1）丝网准备

丝网印刷的要素主要是丝网压凹凸，通常选用 200～300 目的涤纶丝网，先用绷网机将丝网张紧进行绷网，再把丝网用黏合剂固定在网框上。绷网通常采用气动式及电机驱动式，张力的大小根据材质不同而不同，对涤纶丝网，其张力可达到 0.7～0.9MPa。从绷网机上取下网版不要马上印刷收纸，需要放置数日，待其张力稳定后，再上机印刷，以保证较高的尺寸精度。

（2）制版

制版的方法有很多种，如手工制版法、感光制版法、金属网制版法等，下面着重介绍感光制版法。

1）丝网的预处理。在涂抹感光胶之前应对丝网进行脱脂、打毛处理，脱脂处理使用中性洗涤剂，用毛刷清洗，消除丝网上的油脂，以避免涂抹感光胶时胶膜变薄，引起针孔等故障。打毛是把磨网膏涂抹在网版上，用毛刷在网版正反面均匀地刷洗，使丝网表面变粗糙，提高胶膜与网版的结合力。

2）感光胶的涂抹与干燥。涂抹感光胶可采用机械式上胶器或手工刮斗上胶，将感光胶均匀地涂抹在网版上。根据工艺要求一般要对网版正反面进行 3～6 次涂抹及干燥，干燥温度一般控制在 45℃以下。

3）曝光。将干燥好的网版印刷面与晒版胶片的药膜面相对密合并用晒版机进行曝光，用 UV 光照射并严格控制曝光时间，曝光时间过长可能导致线条变窄，甚至不能显影；反之，则线条变粗，出现锯齿形，甚至使感光膜脱落。

4）显影与干燥。曝光后将丝网放入 25℃左右的水中浸泡数分钟进行显影，使图文部分未感光的胶膜膨润，用水枪将未感光部分冲洗干净，把网版上的水滴吹掉，然后再干燥。

5）检验修复，网版制作完成。

（3）印刷

在印刷时将网版悬置于承印物上面，使网版与承印物之间有一定的距离，这是进行印刷的基本条件，网版上的油墨通过刮墨刀的移动，将图文转移到承印物上。

印刷根据图文要求，一般采用网目调及实地印刷，网目调印刷一般采用基本色油墨，即黄、品红、青、黑；实地印刷则采用专色油墨，印刷前要根据样稿颜色进行专色调配。

车体广告用承印物主要是不干胶材料，有透明和不透明两种，最常用的是 PVC 和 PET 薄膜不干胶，厚度不大于 140μm。从装饰效果上讲包装安全，薄膜越薄，图文质量越好，但对印刷及图文转移技术的要求也越高。

车体广告要求承印材料材质尽可能薄；胶层的附着力强；材质要耐高温及日晒；材质应耐酸碱、耐水、耐油等。

（4）后期制作

印刷完成后，印样要进行干燥处理，干燥可采用自然干燥和红外线干燥两种方法，干燥后根据图文形状进行裁剪。由于车体广告尺寸较大，为避免向车体转移时，图文不平整，在裁剪后要用定位纸（转移膜）平覆于印刷品表面裁剪，进行定位。这样就完成车体广告制作，下一步就是把图文转移到车体上。

5.2 车体广告设计实例：黄金海岸

一提到黄金海岸，人们自然就会联想到诱人的阳光、休闲的设施和俏媚的美女。正是这一联想，在进行黄金海岸车体广告设计时，不仅在车体的正身放置项目的外型效果图，以体现顶级豪宅的特点，以及目标客户定位——成功人士的价值所在，而且还配置了背景，如美女、高尔夫球等，以引起购买的冲动。下面就此展开详细的阐述。

5.2.1 车体底纹的制作

在这里，把车体分为两部分进行设计，车身正面放置核心内容，其中车体后半部分因为内容较空，所以制作底纹填充，其制作方法如下。

STEP 1 运行 Photoshop CS5，执行菜单栏上的“文件”→“新建”命令，打开“新建”对话框。将“宽度”设置为“10 厘米”、“高度”设置为“2 厘米”、“分辨率”设置为“300 像素/英寸”、“颜色模式”设置为“RGB 颜色”，其他设置保持默认，如图 5-1 所示。

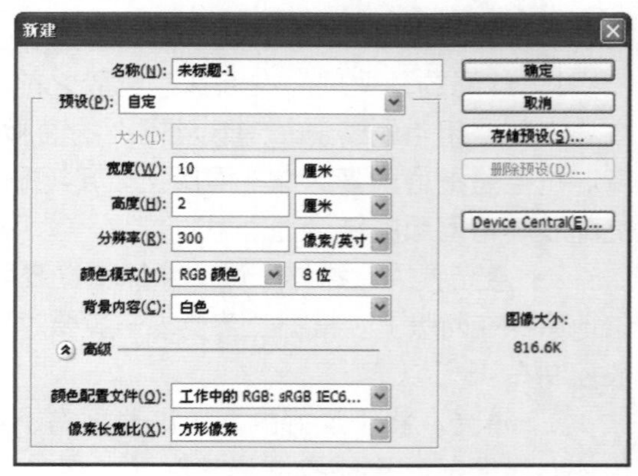

图 5-1 设置“新建”对话框

STEP 2 单击“确定”按钮，完成文件的新建。将“背景色”设置为暗红色，如图 5-2 所示。

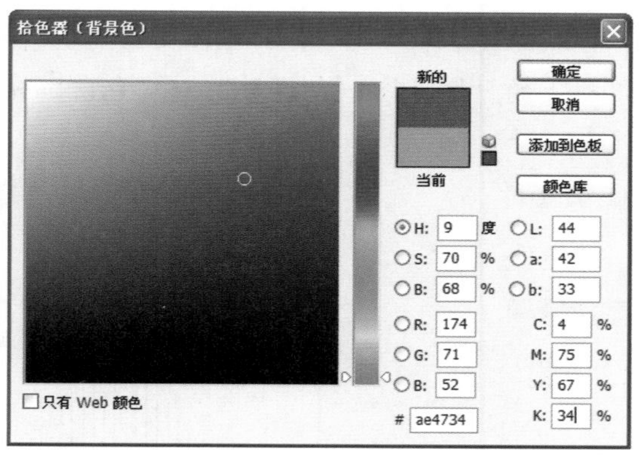

图 5-2　设置“背景色”

STEP 3　打开“通道”面板，新建一个通道“Alpha 1”，如图 5-3 所示。

STEP 4　双击“Alpha 1”通道，弹出“通道选项”对话框，参数设置如图 5-4 所示。

图 5-3　新建“Alpha 1”通道

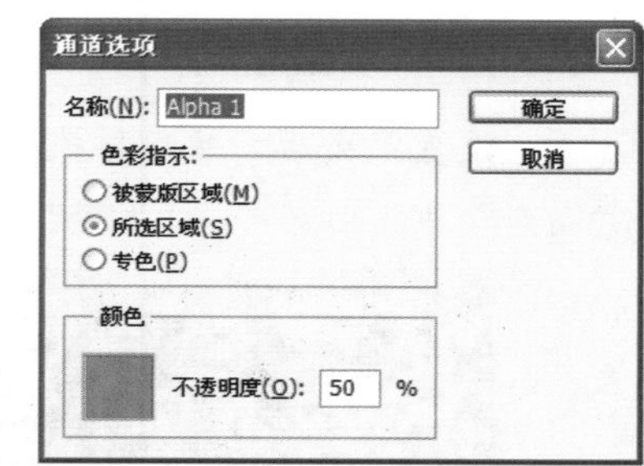

图 5-4　设置“Alpha 1”通道的“通道选项”

STEP 5　设置完成后，单击“确定”按钮。然后执行菜单栏上的“滤镜”→“杂色”→“添加杂色”命令，弹出“添加杂色”对话框，参数设置如图 5-5 所示。

STEP 6　执行菜单栏上的“滤镜”→“模糊”→“高斯模糊”命令，弹出“高斯模糊”对话框，参数设置如图 5-6 所示。

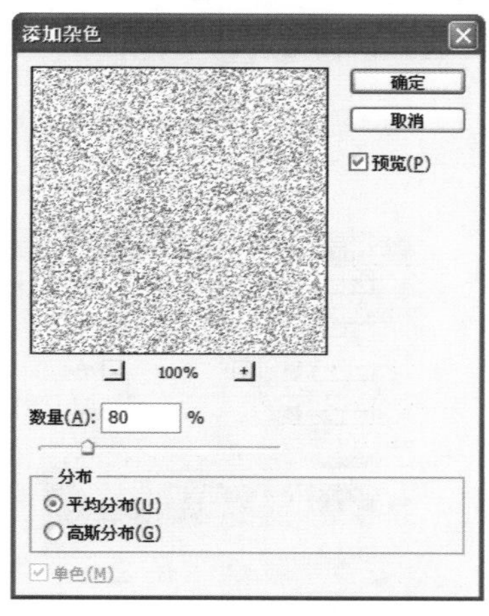

图 5-5　“添加杂色”对话框

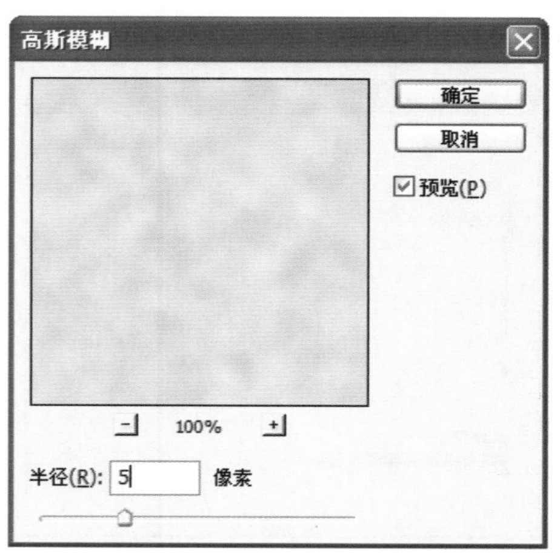

图 5-6　“高斯模糊”对话框

STEP 7　执行菜单栏上的“图像”→“自动对比度”命令。如图 5-7 所示。

STEP 8　执行菜单栏上的“图像”→“调整”→“色阶”命令，弹出“色阶”对话框，参数设置如图 5-8 所示。

■图 5-7　“自动对比度”命令

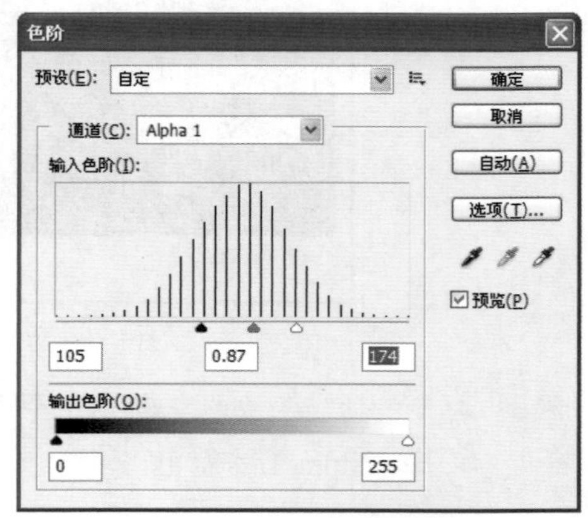

■图 5-8　“色阶”对话框

STEP 9　设置完成后，然后再执行菜单栏上的“滤镜”→“模糊”→“高斯模糊”命令，弹出“高斯模糊”对话框。“半径”设置为 3 个像素，效果如图 5-9 所示。

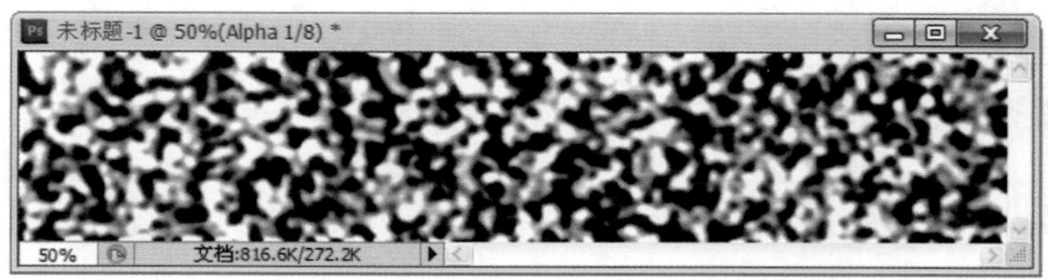

■图 5-9　“高斯模糊”后的处理效果

STEP 10　然后再执行菜单栏上的“图像”→“调整”→“色阶”命令，弹出“色阶”对话框，参数设置如图 5-10 所示。

STEP 11　在“通道”面板中，将“Alpha 1”通道拖至“创建新通道”图标处，复制为“Alpha 1 副本”通道，将该通道设置为当前操作通道。如图 5-11 所示。

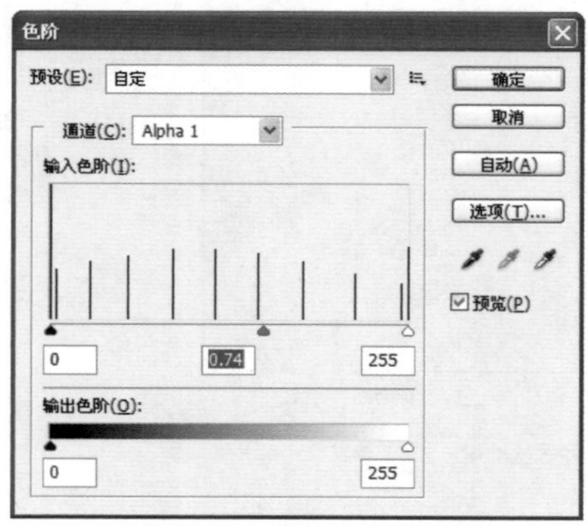

■图 5-10　“色阶”对话框

■图 5-11　复制“Alpha 1”通道

STEP 12 执行菜单栏上的“滤镜”→“模糊”→“高斯模糊”命令，弹出“高斯模糊”对话框。“半径”设置为 5 个像素，效果如图 5-12 所示。

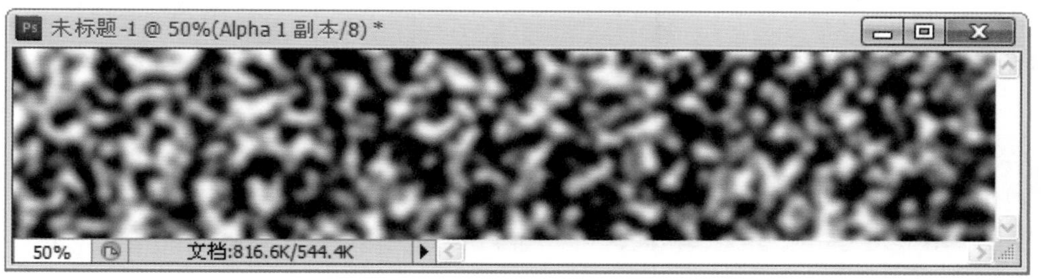

图 5-12 “高斯模糊”后的处理效果

STEP 13 执行菜单栏上的“选择”→“载入选区”命令，弹出“载入选区”对话框，参数设置如图 5-13 所示。

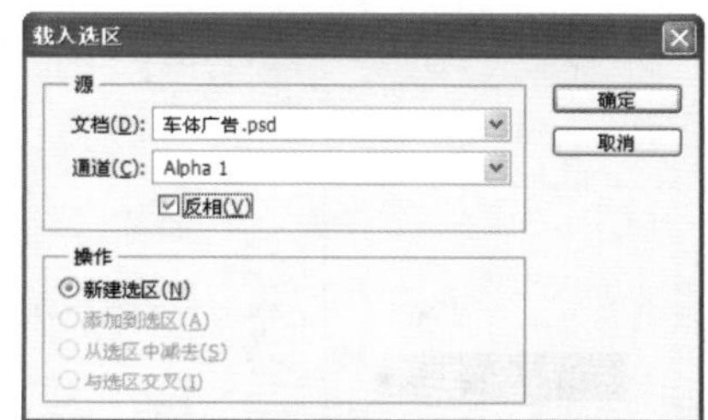

图 5-13 “载入选区”对话框

STEP 14 先按〈Del〉键删除所选区域，然后按〈Ctrl + D〉组合键取消选择区域，其效果如图 5-14 所示。

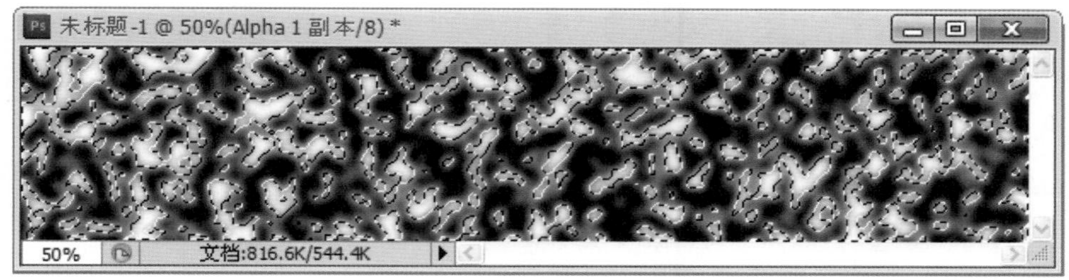

图 5-14 选取的效果

STEP 15 按〈Ctrl + A〉组合键全选图像，按〈Ctrl + C〉组合键复制。按〈Ctrl + N〉组合键新建一个图像文件，按〈Ctrl + V〉组合键粘贴至新文件中。对原来的图像文件进行操作。返回到 RGB 综合通道中。新建一个图层，执行菜单栏上的“编辑”→“填充”命令，弹出“填充”对话框，参数设置如图 5-15 所示。

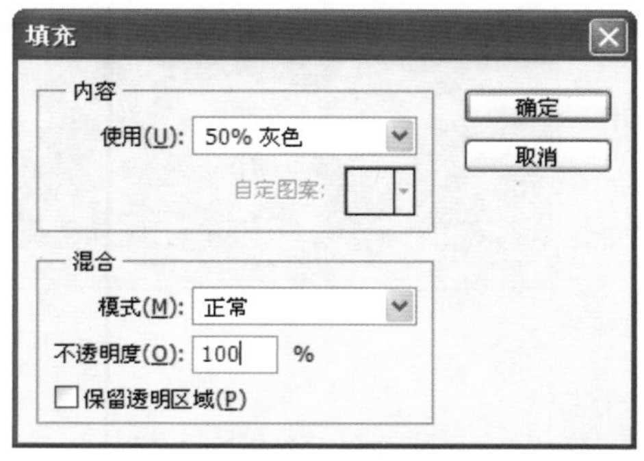

图 5-15 “填充”对话框

STEP 16　执行菜单栏上的“选择”→“载入选区”命令，弹出“载入选区”对话框，参数设置如图 5-16 所示。

STEP 17　执行菜单栏上的“滤镜”→“渲染”→“光照效果”命令，弹出“光照效果”对话框，参数设置如图 5-17 所示。

STEP 18　在图层面板中选择“图层 1”图层，设置“不透明度”为 30%，参数设置如图 5-18 所示。

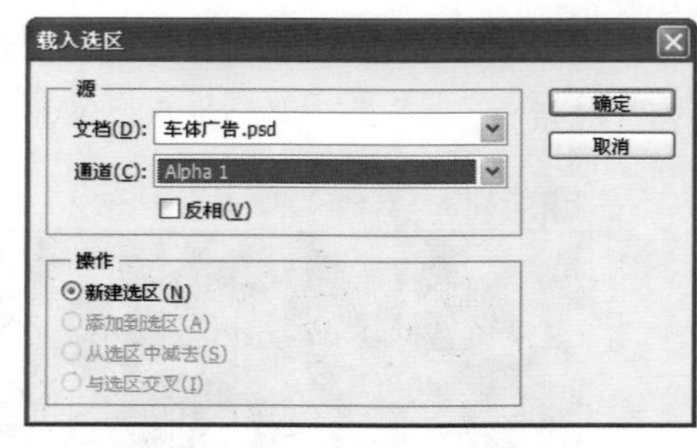

图 5-16 “载入选区”对话框

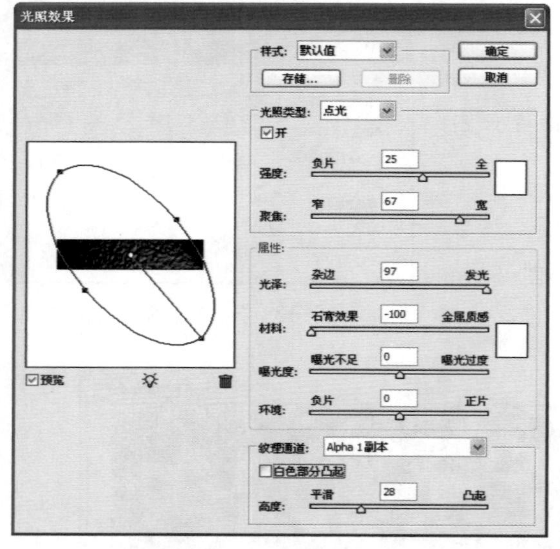

图 5-17 “光照效果”对话框

图 5-18 设置不透明度

STEP 19　完成后的效果如图 5-19 所示，保存文件，以便在下面的广告合成中使用。

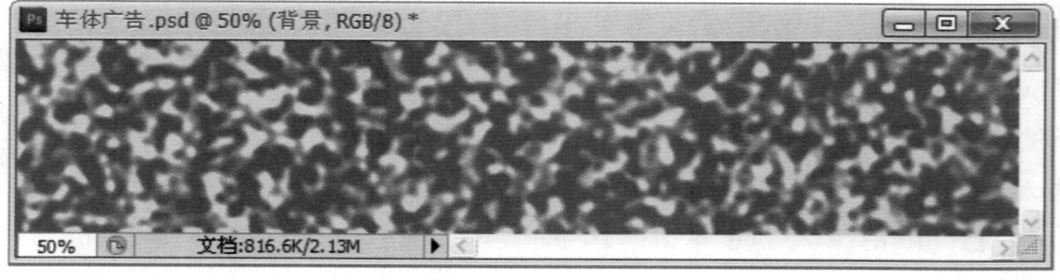

图 5-19 完成后的效果

5.2.2 黄金字体的制作

在上一步的基础上，还要加上广告的营销主题，策划师给了这样一个广告语：“好房子一辈子！”，制作特效字体当然离不开 Photoshop 软件。具体制作步骤如下。

STEP 1　运行 Photoshop CS5，执行菜单栏上的“文件”→“新建”命令，打开“新建”对话框。将“宽度”设置为“8 厘米”、“高度”设置为“1 厘米”、“分辨率”设置为“300 像素/英寸”、“颜色模式”设置为“RGB 颜色”，其他设置保持默认。如图 5-20 所示。

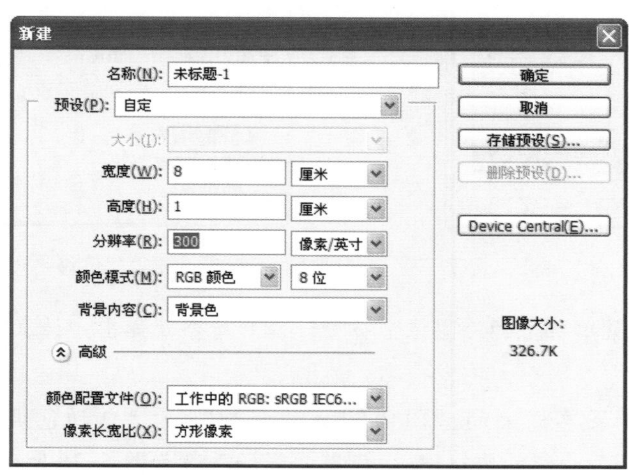

■图 5-20　设置“新建”对话框

STEP 2　切换到“通道”面板，单击下面的“创建新通道”按钮，建立一个新通道“Alpha 1”，如图 5-21 所示。

STEP 3　输入文字“好房子一辈子！”，字体为“方正楷体简体”。确定后按〈Ctrl+D〉组合键取消选区，然后执行菜单栏上的“滤镜”→“模糊”→“高斯模糊”命令，弹出“高斯模糊”对话框，设置“半径”值为 2 像素，如图 5-22 所示。

■图 5-21　创建新通道“Alpha 1”

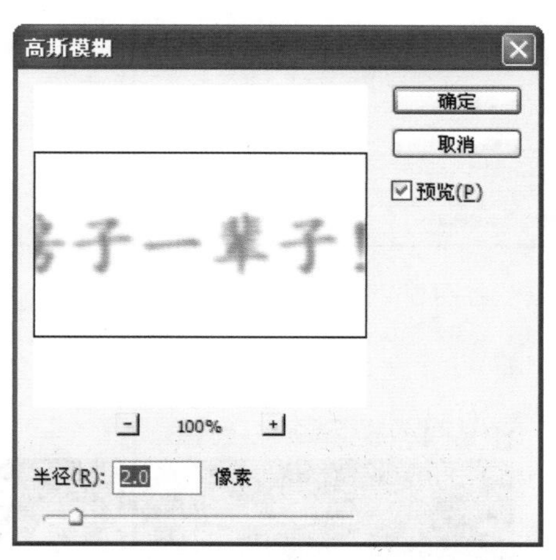

■图 5-22　“高斯模糊”对话框

STEP 4　然后按住“Alpha 1”，拖到下面的“创建新通道”图标上，将“Alpha 1”复制为“Alpha 1 副本”，如图 5-23 所示。

STEP 5　选择通道“Alpha 1 副本”，执行菜单栏上的“滤镜”→“其他”→“位移”

命令，弹出“位移”对话框，参数设置如图 5-24 所示。

■图 5-23　复制“Alpha 1”通道

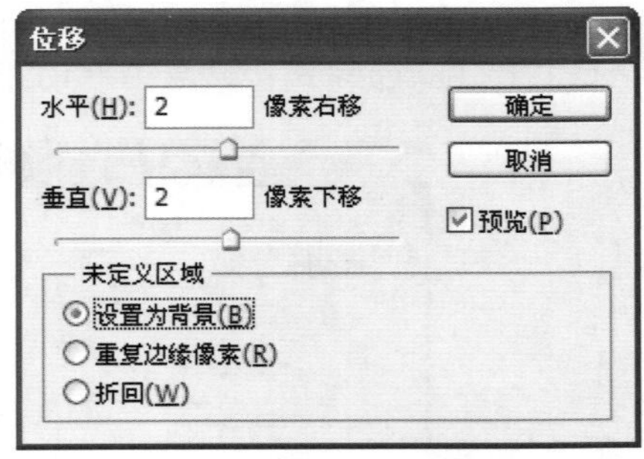

■图 5-24　“位移”对话框

STEP 6　选择菜单栏上的“图像”→“计算”命令，弹出“计算”对话框，参数设置如图 5-25 所示。

STEP 7　选择菜单栏上的“图像”→“调整”→“自动色调”命令，然后按下〈Ctrl+M〉组合键（调节曲线的快捷键），调整曲线的参数如图 5-26 所示。

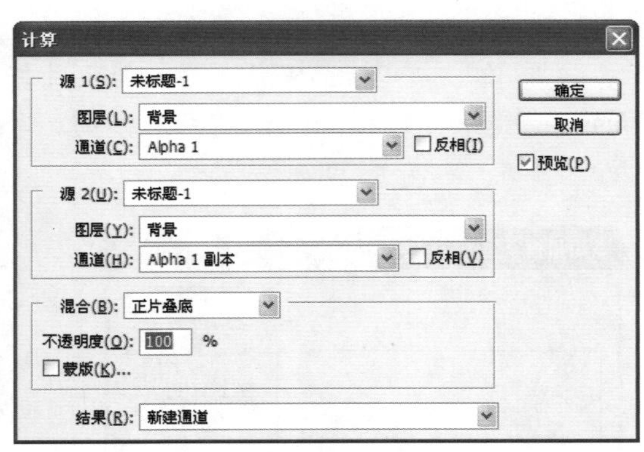

■图 5-25　“计算”对话框

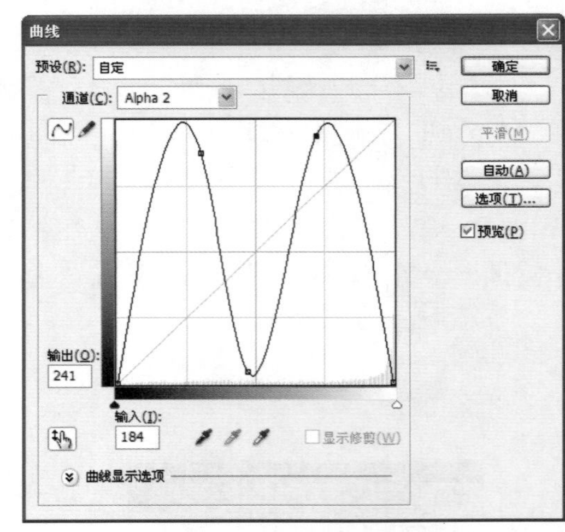

■图 5-26　“曲线”对话框

STEP 8　这时生成的效果应如图 5-27 所示。

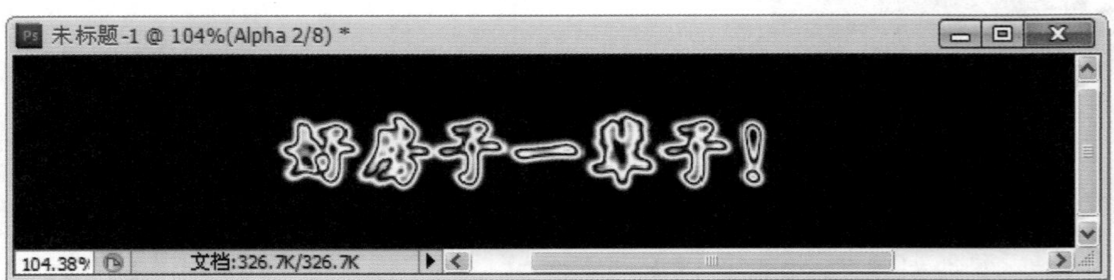

■图 5-27　调整后的效果

STEP 9　选择菜单栏上的“图像”→“计算”命令，弹出“计算”对话框，参数设置如图 5-28 所示。

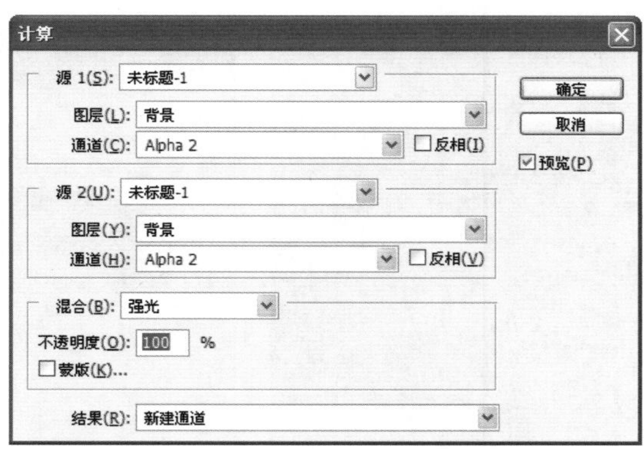

图 5-28　“计算”对话框

STEP 10　这时应出现如图 5-29 所示的通道“Alpha 3”。

STEP 11　按下〈Ctrl+A〉组合键全选，〈Ctrl+C〉组合键复制，然后切换到“图层”面板，选择“背景”层，按下〈Ctrl+V〉组合键粘贴，然后再按〈Ctrl+U〉组合键调出“色相/饱和度”对话框进行调色，参数设置如图 5-30 所示。

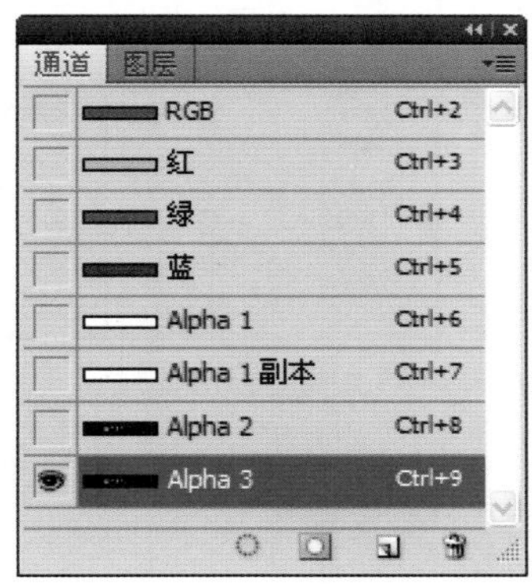

图 5-29　计算后的结果

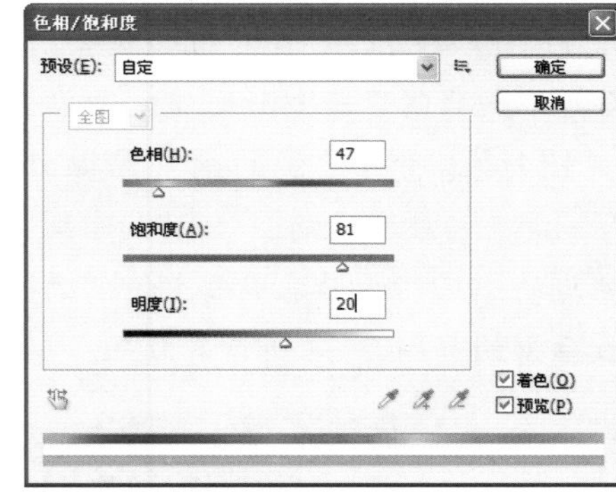

图 5-30　“色相/饱和度”对话框

STEP 12　完成后的效果如图 5-31 所示，保存文件以便在下面的广告合成中备用。

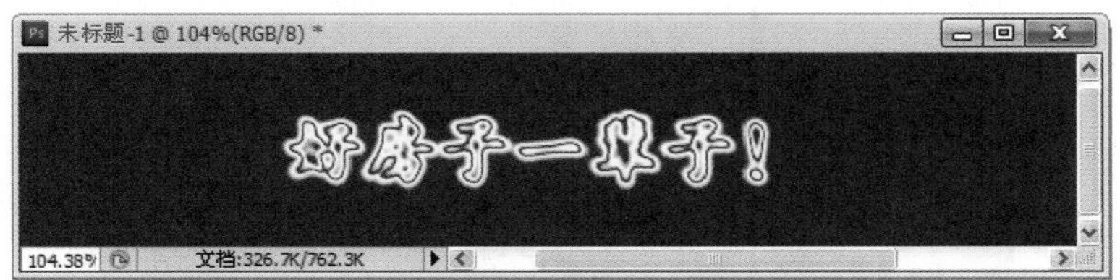

图 5-31　完成后的效果

5.2.3　房子特效图处理

为了突出项目楼盘的效果，制作一个辐射模糊效果，这在我们广告中是最经常看到的特效。

STEP 1　选取一张有开阔背景的房地产别墅图像，拖动该层到新建层的图标上，复制该层，如图 5-32 所示。

a)

b)

图 5-32　复制图层

STEP 2　对复制的“背景副本”图层进行“径向模糊”处理，参数设置如图 5-33 所示。

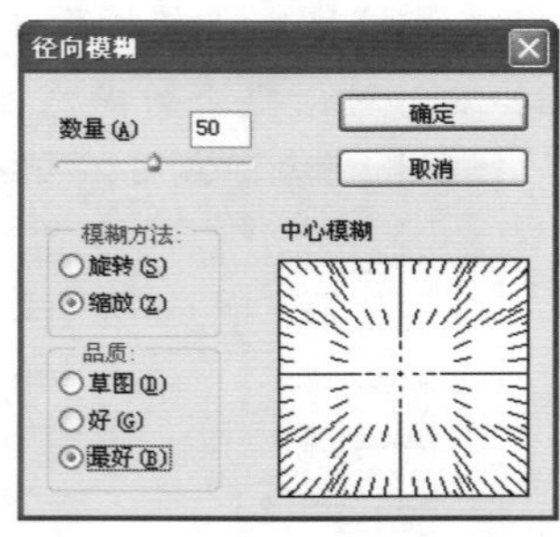

图 5-33　“径向模糊”对话框

STEP 3　按〈Ctrl+A〉组合键全选该层，并复制（〈Ctrl+C〉）。然后创建一个新通道，即单击“通道”控制面板上的图标。将复制的图片粘贴到新建的通道里（〈Ctrl+V〉），拖动该通道到图标，回到图层控制面板，选择处理过的图层，选择菜单栏上的“选择”→“反向”命令，最后得到如图 5-34 所示的效果。

图 5-34　选区效果

STEP 4　确定当前操作图层是模糊滤镜处理过的图层，清除选区（〈Delete〉），注意模糊的效果是否可以。如果不够，可将处理好的层再复制一下，重新做一遍，此时应该有三层，在第三层可以直接用“多边形套索工具”，把整个房子的外型选上，然后执行反选选区，这样就会使效果更好一点，如图 5-35 所示。

图 5-35　清除选区后的效果

STEP 5　我们再来做最后的修饰，选择处理过的图层，然后执行菜单栏上的“图像”→“调整”→“色阶”命令，弹出“色阶”对话框，参数设置如图 5-36 所示。

STEP 6　设置完成后，单击“确定”按钮，完成制作，如图 5-37 所示，保存文件。

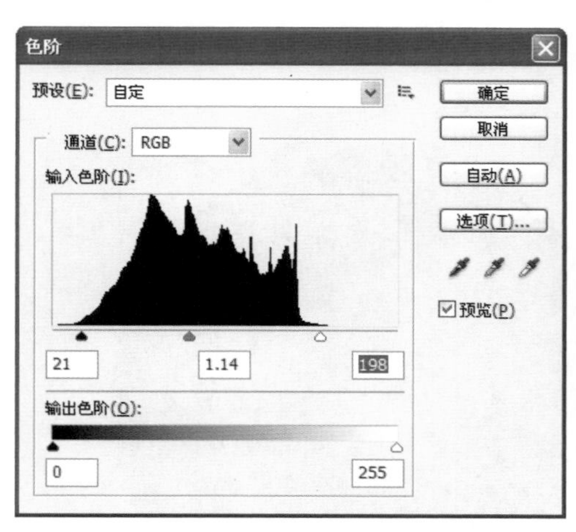

图 5-36　“色阶”对话框

图 5-37　完成后的效果

5.2.4　高尔夫球的制作

在现代房地产广告当中，高尔夫球几乎成了身份的代表。当然，在平面设计中最简单的方法就是拿一个数码相机到现场拍一张了，可是那却总是不能如人意，而且成本也比较高，对于一个设计师来说，只要动动脑筋，还是能把想要的东西塑造出来的。下面就让一起来制作。

STEP 1 运行 Photoshop CS5，新建一个文件，设置宽度和高度均为"5 厘米"，分辨率为 300 像素/英寸，背景为白色，并新建"图层 1"，如图 5-38 所示。

图 5-38 新建文档

STEP 2 单击工具箱中的"渐变工具"，画一环形黑白渐变层效果，在"渐变编辑器"对话框中设置如图 5-39 所示。

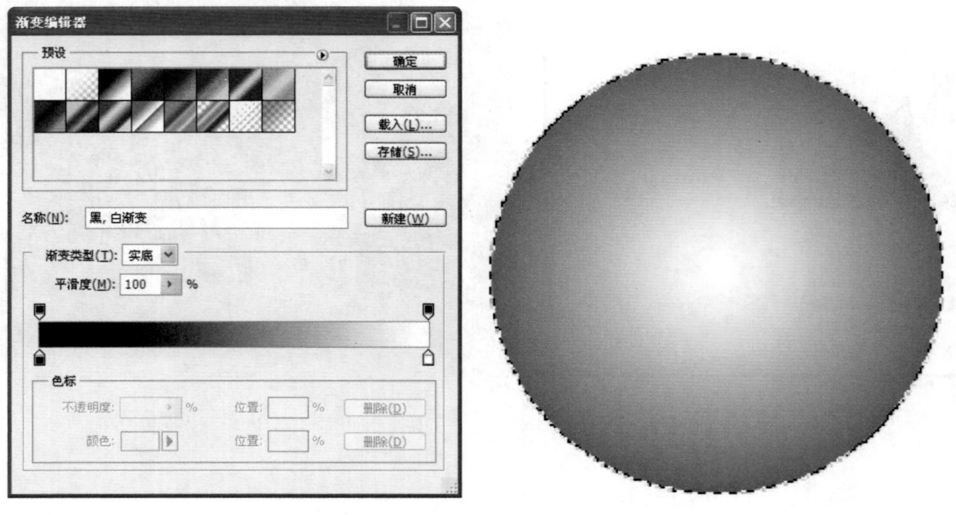

图 5-39 渐变填充设置及效果图

➤STEP 3　执行菜单栏上的“滤镜”→“扭曲”→“玻璃”命令，弹出“玻璃”对话框，参数设置如图 5-40 所示。

➤STEP 4　单击工具箱中的“椭圆选框工具”，先是按住〈Ctrl〉键选取一正圆形区域，然后执行〈Ctrl+Shift+I〉组合键反选，最后按〈Delete〉键删除。如图 5-41 所示。

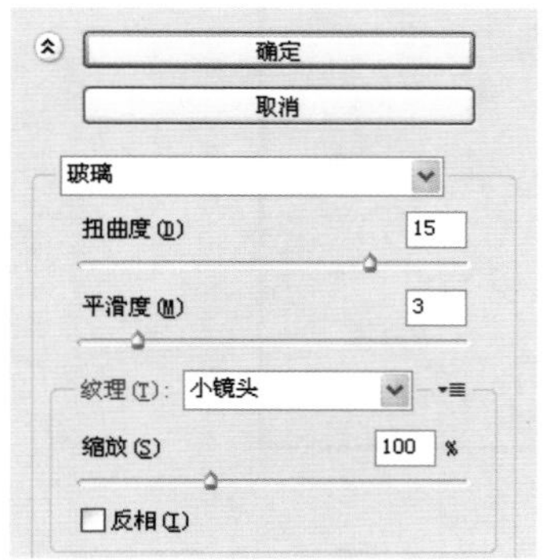

■图 5-40　“玻璃”对话框

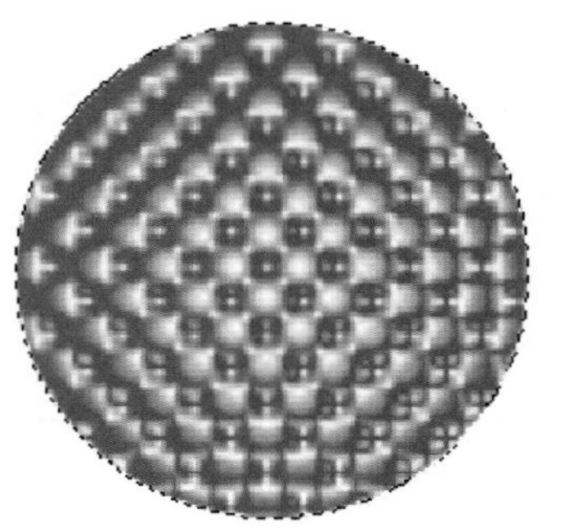

■图 5-41　反选圆形选区

➤STEP 5　再按〈Ctrl+Shift+I〉组合键反选中球体，然后执行菜单栏上的“滤镜”→“扭曲”→“球面化”命令，弹出“球面化”对话框，参数设置如图 5-42 所示。

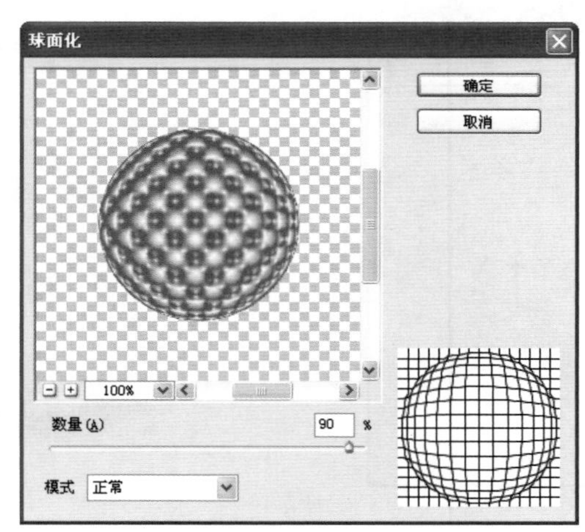

■图 5-42　“球面化”对话框

➤STEP 6　执行菜单栏上的“图像”→“调整”→“亮度/对比度”命令，弹出“亮度/对比度”对话框，参数设置如图 5-43 所示。

➤STEP 7　设置完成后，把该图层复制一个图层，并用魔棒工具点选空白部分，删除多余的部分。双击该图层，打开“图层样式”对话框，设置参数如图 5-44 所示。

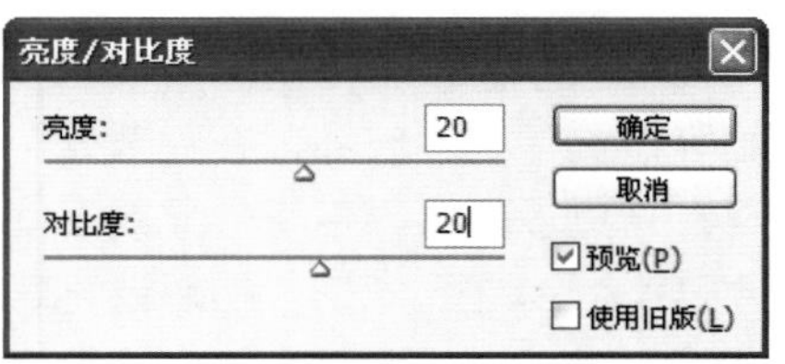

■图 5-43　“亮度/对比度”对话框

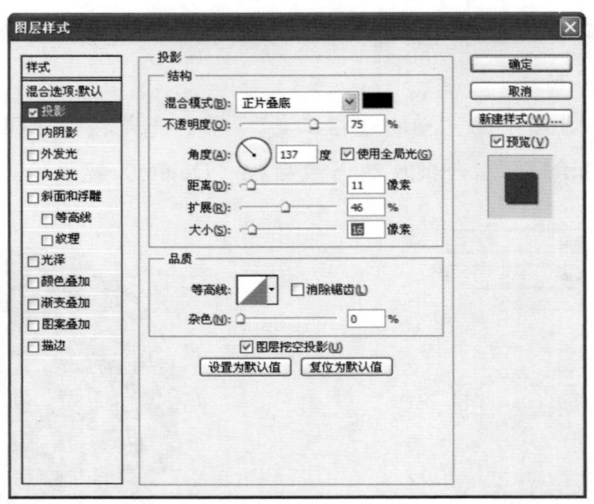

■图 5-44 “图层样式”对话框

STEP 8 切换到“图层 1”图层，执行菜单栏上的“滤镜”→“渲染”→“镜头光晕”命令，弹出“镜头光晕”对话框，参数设置如图 5-45 所示。

STEP 9 完成效果如图 5-46 所示。可以改变背景层颜色，这里填充为白色。

■图 5-45 “镜头光晕”对话框

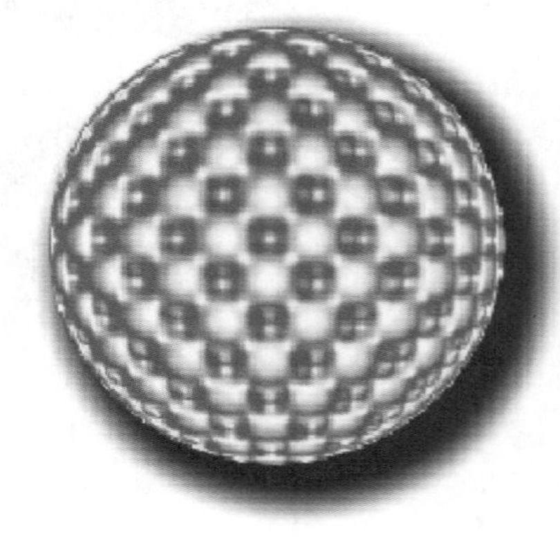

■图 5-46 完成后的效果

5.2.5 完成整体效果

在合成车体广告之前，可以把整个车体视为一张白纸，没有必要过多地考虑车体窗户及轮胎等位置带来的破坏，在完成整个平面设计后，再让轮胎露出来，这时会发现残缺也是一种美，它更多地给人带来想象的空间。但有一点要注意，就是图像可以有残缺的美，但文字部分是不可以这么做的，所以要把营销主题放置在合适的位置。

STEP 1 新建一个文件，在“新建”对话框设置宽“29.7 厘米”，高“21 厘米”，分辨率为 300 像素/英寸，背景为白色，如图 5-47 所示。

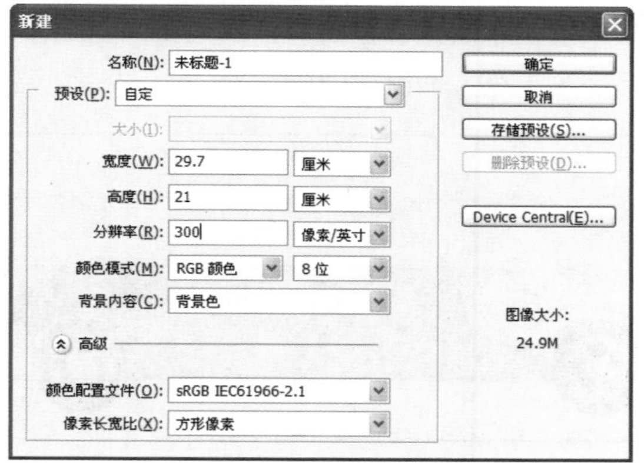

■图 5-47　新建文档

STEP 2　置入车体素材，效果如图 5-48 所示。

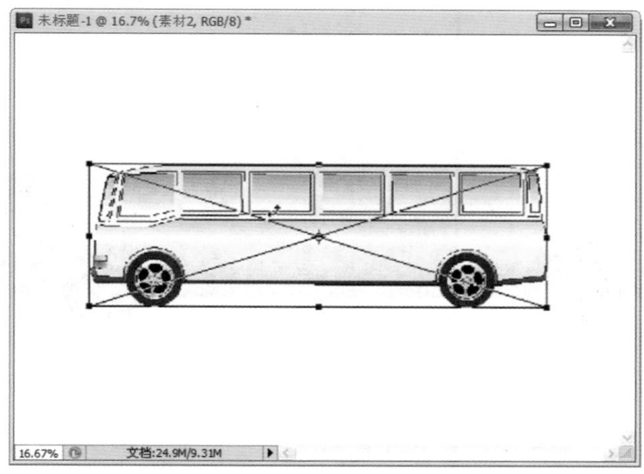

■图 5-48　置入素材

STEP 3　先用工具箱中的“钢笔工具”，在车身上勾绘出一朵云彩，并填充上暗红色，其效果如图 5-49 所示。

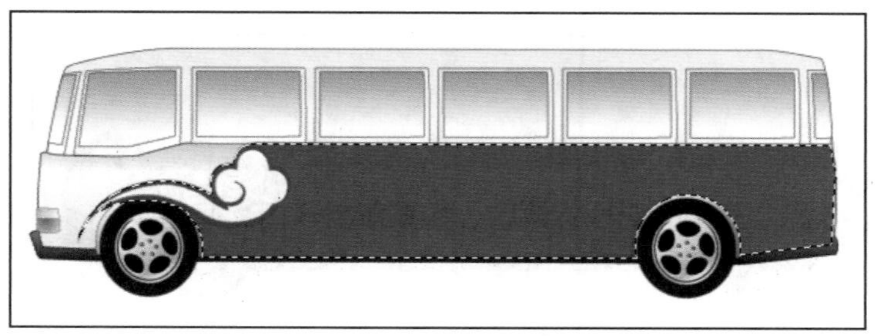

■图 5-49　绘制云彩

STEP 4　使用工具箱中的“多边形套索工具”，把一张美女图像圈选出来，这种操作称为抠图，这是最经常用的手法。在浮动后，我们按〈Ctrl+X〉组合键把头像剪切到新的车体中。放置到车体的后半部分，如图 5-50 所示。

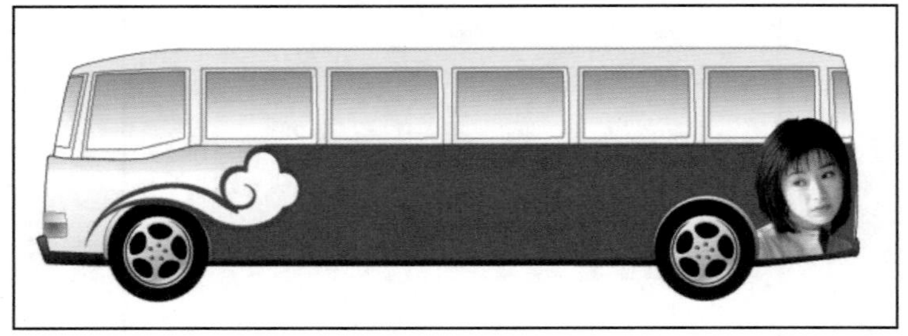

■图 5-50　放置美女头像的位置

STEP 5　用同样的操作，把文字部分和高尔夫球图片也拖到车体上，放置于合适的位置，并置入素材“地产项目楼标”放置到车体中，这里我们就把楼标放到玻璃上，这样即美观又突出了核心，让人一目了然，如图 5-51 所示。

■图 5-51　放置其他内容

STEP 6　制作好的地产项目楼盘效果图拉到车体中，按〈Ctrl+T〉组合键，再用鼠标把它放大到合适的大小，用“移动工具”，把其放置在车体的楼标正下方。这样，一个车体的下侧面广告就制作完成了，其实它的制作是很简单的一个过程，整体就用了几种主色来把握节奏，让人看了很舒服，个别亮点如美女头像，高尔夫球等是吸引人眼光的关键。如图 5-52 所示。

■图 5-52　完成的整体效果

STEP 7　车体的另外一面与上面的方案一般情况下都是对称的，包括车门在内，可以不考虑其的位置，因为在行进中车门一般情况下都是关着的。在车尾一般都是放置宣传产品的宣传口号什么的。当然了，几个面的颜色是统一的。我们也同样制作了一个方案，在这里就不再继续多写制作的步骤了，我们把前面制作的后背景底纹设置在这，方法都是很简单的，效果图如图 5-53 所示，可以留为作业自己进行创作。

■图 5-53　车后背效果图

最后的总结：对于一个流动广告来说，从设计的角度来看，宜采用表现力很强的色彩及图形形象来吸引大众的眼睛，因为这个广告成功与否表面文章是最关键的。在大街上，看到的各式各样的车体广告几乎都是如此。

第6章 平面实物创意设计

要让设计成为一种力量，必须赋予设计以独特的思想和深刻的理念，即赋予一个好的“创意”。创意是平面设计中永不干涸的生命源泉，是平面设计的思想内涵与灵魂。好的创意设计充满灵性与美感，能够表达设计者的所思所想，能够让观众跟他一起喜怒哀乐。否则就没有灵魂，没有力量，没有生命。既不会打动观众，也不会让观众产生激情，更不会产生联想。而要把创意转换成实实在在的形式，就需要设计人员充分利用 Photoshop 的图像编辑、图像合成、校色调色及特效制作的功能。本章将结合一定的实例具体而详细地阐述平面创意的设计要点。

6.1 Photoshop 实体设计创意指导

多数人对于 Photoshop 的了解仅限于“一个很好的图像编辑软件”，并不知道它的诸多应用方面，实际上，Photoshop 的应用领域很广泛的，在图像、图形、文字、视频、出版各方面都有涉及。

6.1.1 Photoshop 的功能特色

从功能上看，Photoshop 可分为图像编辑、图像合成、校色调色及特效制作部分。图像编辑是图像处理的基础，可以对图像做各种变换如放大、缩小、旋转、倾斜、镜像、透视等。也可进行复制、去除斑点、修补、修饰图像的残损等。这在婚纱摄影、人像处理制作中有非常大的用场，去除人像上不满意的部分，进行美化加工，得到让人非常满意的效果。

图像合成则是将几幅图像通过图层操作、工具应用合成完整的、传达明确意义的图像，这是美术设计的必经之路。Photoshop 提供的绘图工具让外来图像与创意很好地融合，尽可能使图像的合成天衣无缝。

校色调色是 Photoshop 具备的强大功能之一，可方便快捷地对图像的颜色进行明暗、色偏的调整和校正，也可在不同颜色之间进行切换，以满足图像在不同领域如网页设计、印刷、多媒体等方面应用。

特效制作在 Photoshop 中主要由滤镜、通道及工具综合应用完成。包括图像的特效创意和特效字的制作，如油画、浮雕、石膏画、素描等常用的传统美术技巧都可通过 Photoshop 特效完成。而各种特效字的制作更是很多美术设计师热衷于 Photoshop 的研究的原因。

6.1.2 Photoshop 的应用领域

Photoshop 的应用领域主要包括以下几个方面。

1．平面设计

平面设计是 Photoshop 应用最为广泛的领域，无论是正在阅读的图书封面，还是在大街上看到的招帖、海报，这些平面印刷品具有丰富图像，基本上都需要 Photoshop 软件对其进行处理。

2．修复照片

Photoshop 具有强大的图像修饰功能。利用这些功能，可以快速修复一张破损的老照片，也可以修复人脸上的斑点等缺陷。

3．广告摄影

广告摄影作为一种对视觉要求非常严格的工作，其最终成品往往要经过 Photoshop 的修改才能得到满意的效果。

4．影像创意

影像创意是 Photoshop 的特长，通过 Photoshop 的处理可以将原本风马牛不相及的对象组合在一起，也可以使用“狸猫换太子”的手段使图像发生面目全非的变化。

5．艺术文字

利用 Photoshop 可以使文字发生各种各样的变化，并利用这些艺术化处理后的文字为图像增加效果。

6．网页制作

网络的普及是促使更多人需要掌握 Photoshop 的一个重要原因。因为在制作网页时，Photoshop 是必不可少的网页图像处理软件。

7．建筑效果图后期修饰

在制作的建筑效果图中包括许多三维场景时，人物、配景（包括场景）的颜色常常需要在 Photoshop 中增加并调整。

8．绘画

由于 Photoshop 具有良好的绘画与调色功能，许多插画设计制作者往往使用铅笔绘制草稿，然后用 Photoshop 填色的方法来绘制插画。

9．绘制或处理三维贴图

在三维软件中，如果能够制作出精良的模型，而无法为模型应用逼真的贴图，也无法得到较好的渲染效果。实际上，在制作材质时，除了要依靠软件本身具有材质功能外，利用 Photoshop 可以制作在三维软件中无法得到的合适的材质也非常重要。

10．婚纱照片设计

当前越来越多的婚纱影楼开始使用数码相机，这也使得婚纱照片设计的处理成为一个新兴的行业。

11．视觉创意

视觉创意与设计是设计艺术的一个分支，此类设计通常没有非常明显的商业目的。但由于它为广大设计爱好者提供了广阔的设计空间，因此越来越多的设计爱好者开始了学习 Photoshop，并进行具有个人特色与风格的视觉创意。

12．图标制作

虽然感觉使用 Photoshop 制作图标有些大材小用，但使用此软件制作的图标的确非常精美。

13．界面设计

界面设计是一个新兴的领域，已经受到越来越多的软件企业及开发者的重视，虽然暂时还未成为一种全新的职业，但相信不久一定会出现专业的界面设计师职业。当前绝大多数设计者使用的都是 Photoshop。

上述列出了 Photoshop 应用的 13 大领域，但实际上其应用不止上述这些。例如，目前的影视后期制作及二维动画制作，Photoshop 也有所应用的。

6.2　创意实例：精致的机械手表

学习了 Photoshop 之后，很多设计师可以用它来设计产品的形象。本小节比前面所有的实例都上升到更高的一个层次，将用它直接来设计一个精美的手表外型。

6.2.1 外环的制作

手表外环是个环形，制作起来并不是很复杂。下面介绍它设计的流程。

STEP 1 **打开 Photoshop，执行菜单栏上的“文件”→“新建”命令，在弹出的“新建”对话框中将“名称”选项设置为“手表外型”，“宽度”设置为“400 像素”、“高度”设置“600 像素”、“分辨率”选项设置为“72 像素/英寸”、“背景内容”为“白色”，设置完毕、单击“确定”按钮，具体设置如图 6-1 所示。**

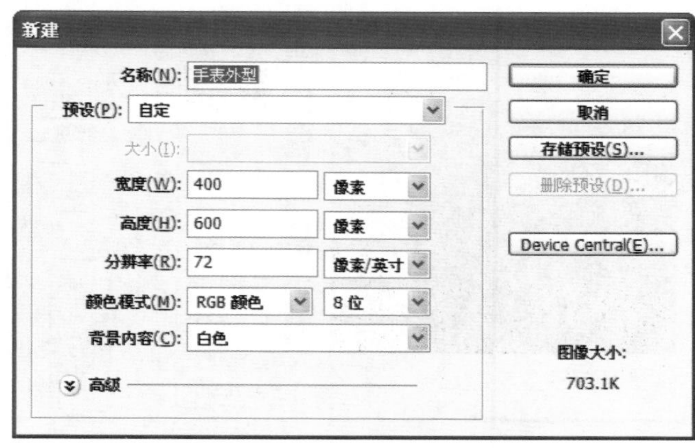

图 6-1 设置“新建”对话框

STEP 2 **执行菜单栏上的“视图”→“标尺”命令（或者按下快捷键〈Ctrl+R〉键），打开标尺，分别把光标移动到水平标尺和垂直标尺上，向下和向左拖拽出两根蓝色的参考线，最好把它设置在中间位置，如图 6-2 所示。**

图 6-2 打开标尺效果

第 6 章 平面实物创意设计

注意

参考线的作用是在设计中精确定位绘制对象，它的颜色为蓝色。打开参考线的快捷键为〈Ctrl+R〉，关闭的快捷键为〈Ctrl+H〉。

STEP 3　单击工具箱中的设置“前景色”按钮，打开“拾色器（前景色）”对话框，把“前景色”的 RGB 值设置为（126，245，249），如图 6-3 所示。

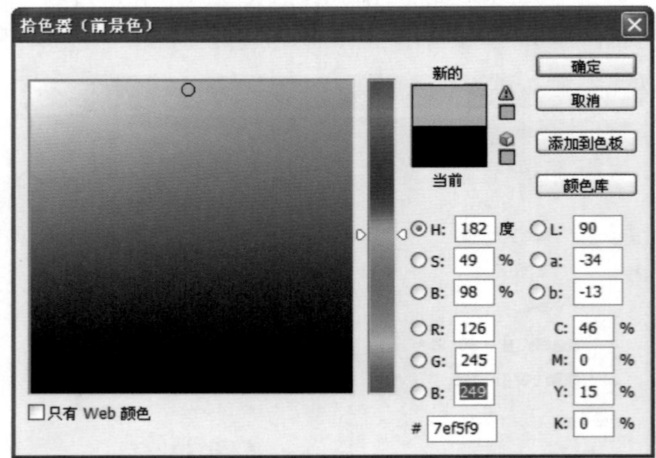

图 6-3　设置前景色

注意

在这里如果设置颜色不对，可以直接在键盘上按下快捷键〈D〉设置前景色与背景色为默认值黑白两色。

STEP 4　在“图层”面板中新建图层“图层 1”，用鼠标双击“图层 1”，把它名称改为“镜面”，如图 6-4 所示。

图 6-4　新建图层

STEP 5　单击工具箱中的“椭圆选框工具”按钮，按住〈Shift+Alt〉组合键，把鼠标放置在两参考线的中心点处，拖拽绘制一个正圆选区。然后按〈Alt+Delete〉组合键在选区中填充“前景色”。按下快捷键〈Ctrl+D〉取消选区，如图 6-5 所示。

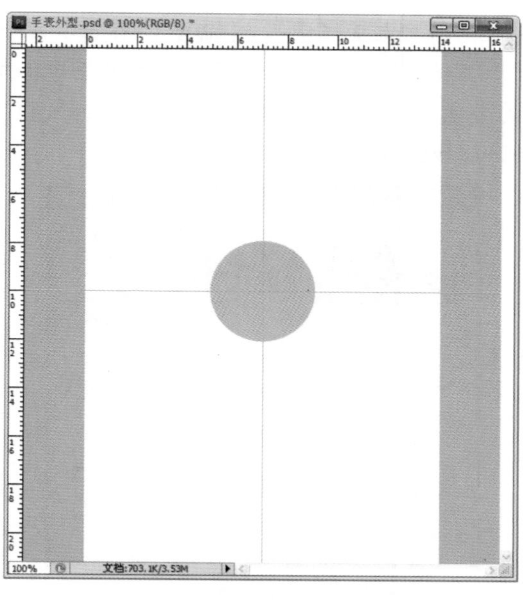

图 6-5　绘制第一个圆环

注意

1）在使用新建图层的时候要随时改变图层的名字，这方便于以后的修改。特别是对于图层多的作品是非常实用的。

2）这里使用了“椭圆选框工具”按钮，在使用的时候按住〈Shift〉键可以等大地从一角绘制出一个椭圆选区，按住〈Shift+Alt〉组合键可以从圆心开始绘制一个正圆形选区。

STEP 6　在“图层”面板中，单击背景层，然后单击“图层”面板底部的“创建新图层”按扭，新建“图层 2”并命名为“圆环一”。用步骤 5 的方法，继续用“椭圆选框工具”，在图层上创建一个以参考线交点为圆心并且半径稍大的圆形选区，如图 6-6 所示。

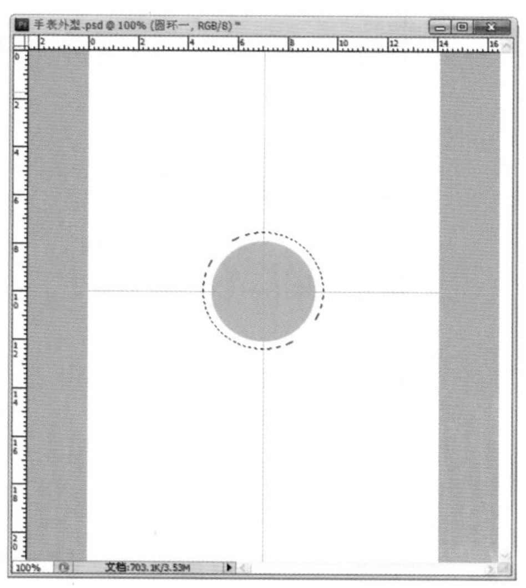

图 6-6　绘制第二个圆环

STEP 7 单击工具箱中的“渐变工具”按钮，在工具属性栏中单击“点按可编辑渐变”按钮，打开“渐变编辑器”对话框。在对话框中，单击渐变色条下面的色标按钮，从左到右分别把两个色标的 RGB 值设置为（144，143，138）、（210，207，197），设置完后单击“确定”按钮，如图 6-7 所示。

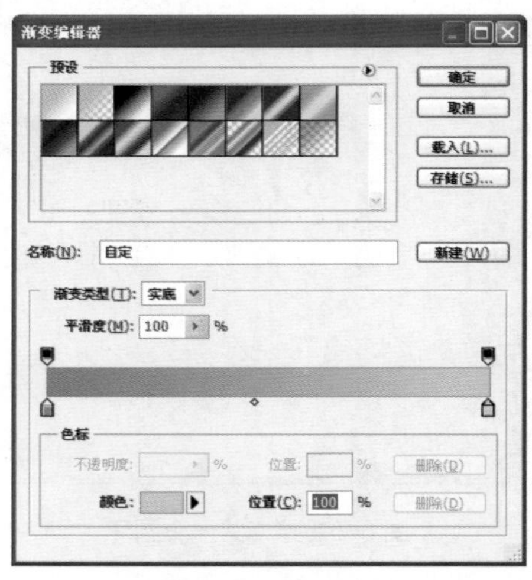

图 6-7 设置“渐变编辑器”对话框

注意 在渐变编辑器对话框中，可以选择预置的渐变色，在自定义选项下，可以单击色标来选择相应的颜色，在选中后可以设置不透明度及位置。

STEP 8 按住鼠标从选区的右上角拖拽选区左下角，创建渐变，然后按下快捷键〈Ctrl+D〉取消选区。绘制完成如图 6-8 所示。

STEP 9 在“图层”面板中，单击背景层，然后新建图层“图层 3”命名为“圆环二”。用上面的方法，继续用椭圆选框工具创建一个以参考线交点为圆心、半径更大的圆形选区，如图 6-9 所示。

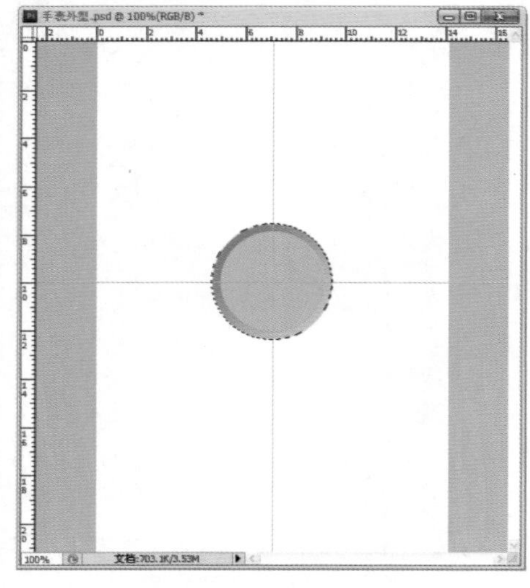

图 6-8 填充后的效果

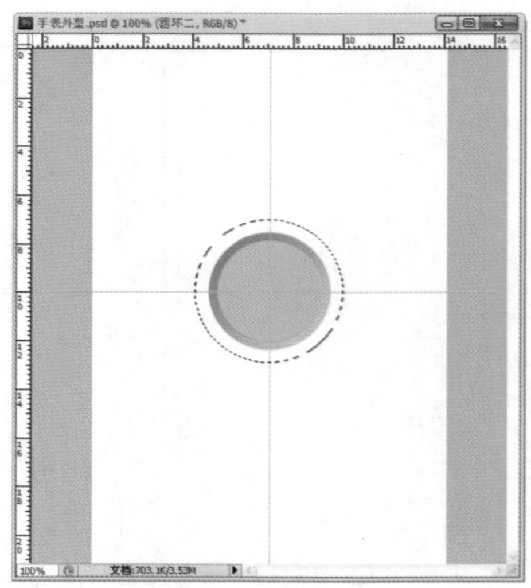

图 6-9 绘制第三个圆环

STEP 10　在工具箱选择“渐变工具”，在工具属性栏中，单击“点按可编辑渐变”按钮，打开“渐变编辑器”对话框。在对话框中，在渐变色条“位置”为“50%”的地方新添加一个色标，然后从左到右分别把三个色标的 RGB 值设置为（231，231，229），（209，209，207），（162，162，160），如图 6-10 所示。

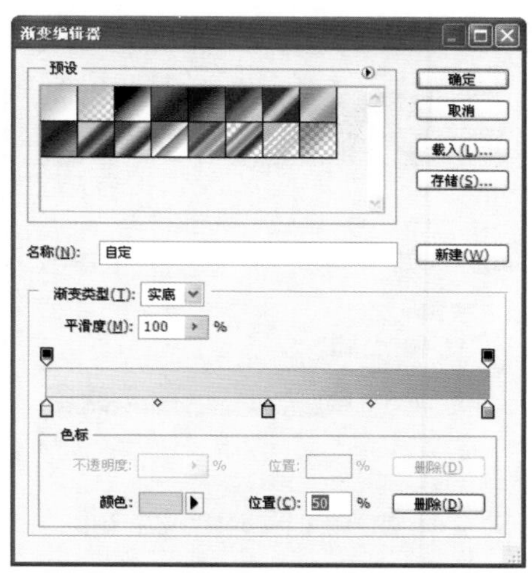

图 6-10　设置“渐变编辑器”对话框

STEP 11　按住鼠标从选区的右上角拖拽选区左下角，创建渐变，完成后按下快捷键〈Ctrl+D〉取消选区，效果如图 6-11 所示。

STEP 12　在“图层”面板中，单击背景层，然后新建“图层 4”。用上面的方法，继续用“椭圆选框工具”，创建一个以参考线交点为圆心并且半径更大的圆形选区，如图 6-12 所示。

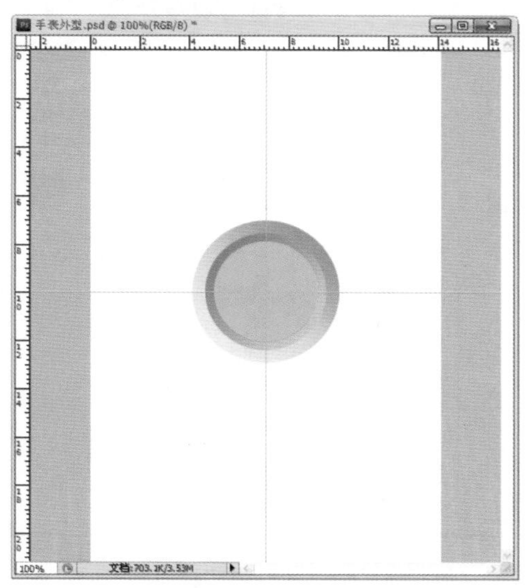

图 6-11　填充后的效果

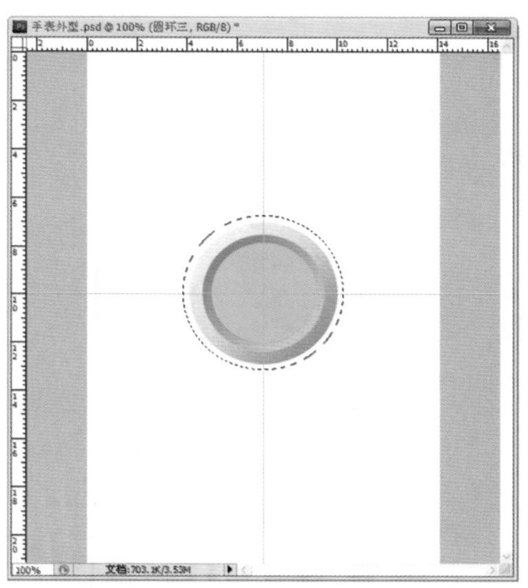

图 6-12　绘制第四个圆环

STEP 13　在工具箱选择“渐变工具”，在工具属性栏中，单击“点按可编辑渐变”按钮，打开“渐变编辑器”对话框。在对话框中，在渐变色条“位置”为“50%”的地方新添加一个色标，然后从左到右分别把三个色标的 RGB 值设置为（204，204，202），（180，180，176），（112，112，110），如图 6-13 所示。

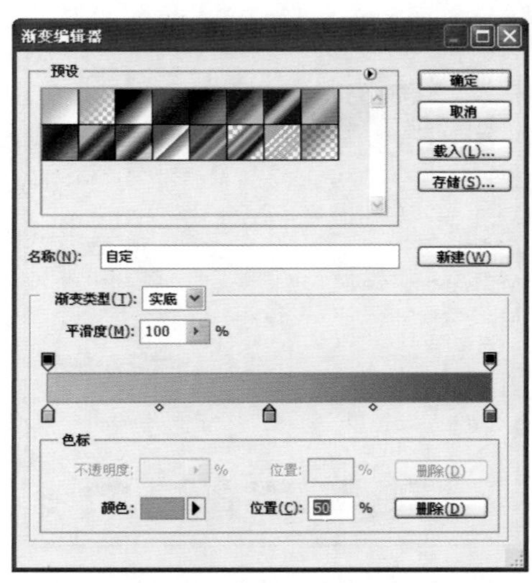

图 6-13　设置“渐变编辑器”对话框

STEP 14　按住〈Shift〉键，从选区右边到选区左边拖拽鼠标，创建渐变，完成操作后按下〈Ctrl+D〉组合键取消选区，此时的效果图 6-14 所示。

STEP 15　用鼠标单击“图层”面板中的“圆环一”，执行菜单栏上的“图层”→“图层样式”→“斜面和浮雕”命令，设置参数如图 6-15 所示。

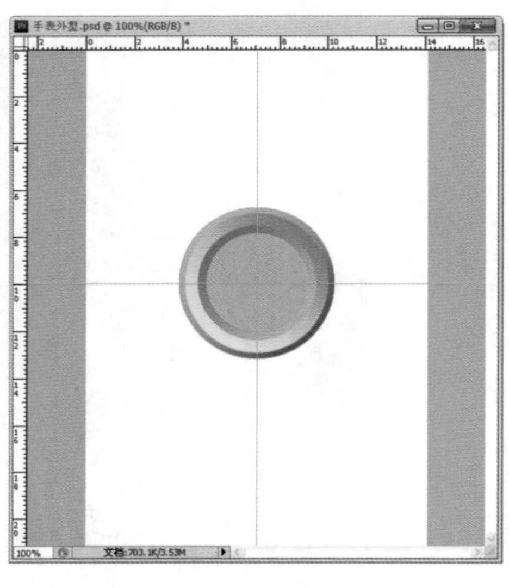

图 6-14　填充后的效果

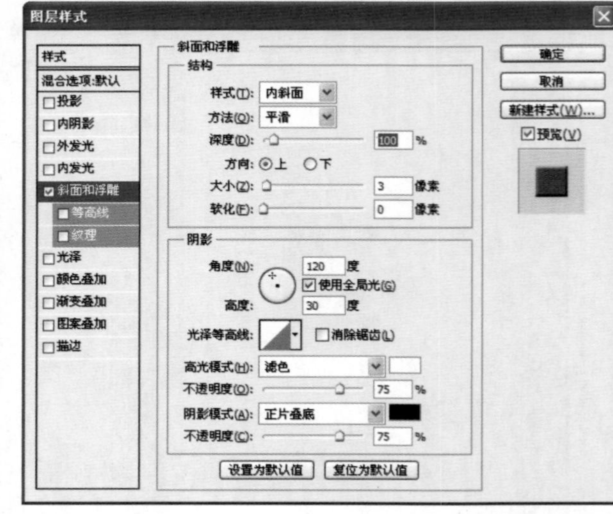

图 6-15　设置“图层样式”对话框中“斜面和浮雕”的参数

STEP 16　用鼠标单击“图层”面板中的“圆环二”，执行菜单栏上的“图层”→“图层样式"→"描边"命令，设置参数如图 6-16 所示。

STEP 17　注意这里把描边颜色设置为黑色，效果如图 6-17 所示。

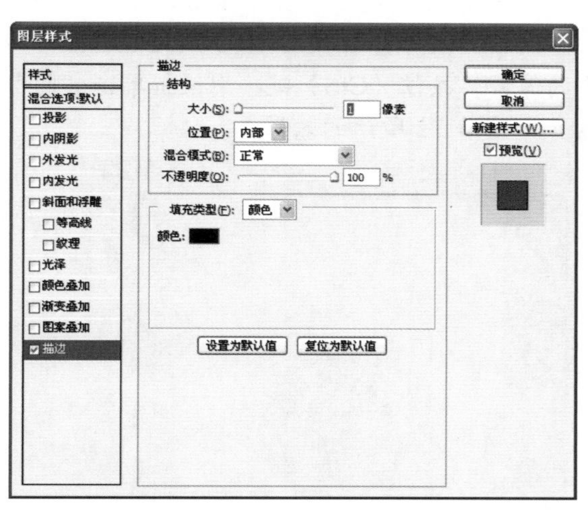

■图 6-16　设置"图层样式"对话框中"描边"的参数

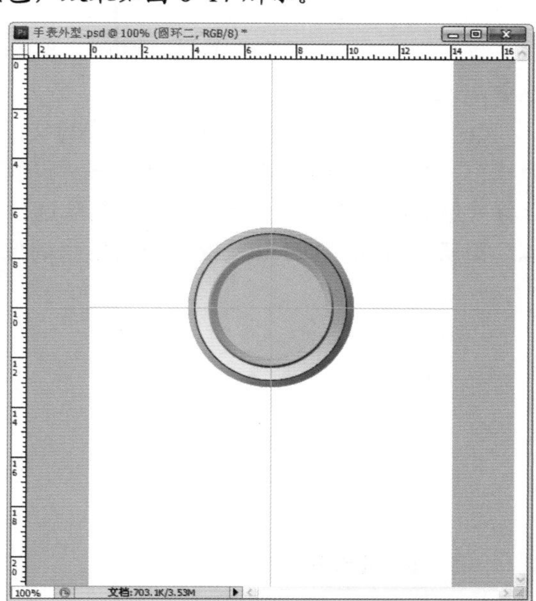

■图 6-17　描边效果

STEP 18　在"图层"面板中，单击图层"圆环二"，执行菜单栏上的"滤镜"→"杂色"→"添加杂色"命令，设置参数如图 6-18 所示。

STEP 19　单击"确定"按钮，完成添加杂色的效果，此时效果如图 6-19 所示。

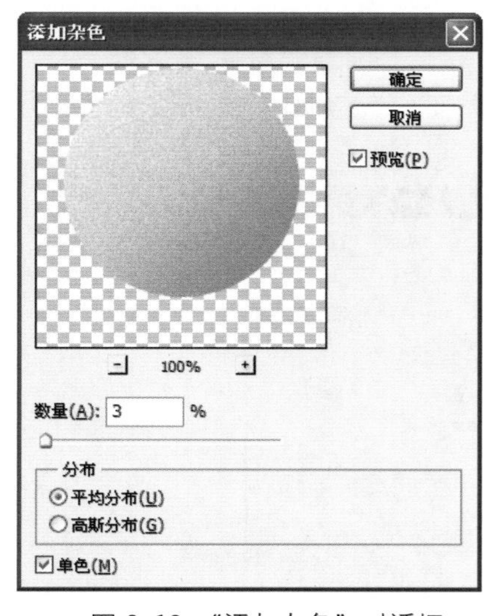

■图 6-18　"添加杂色"对话框

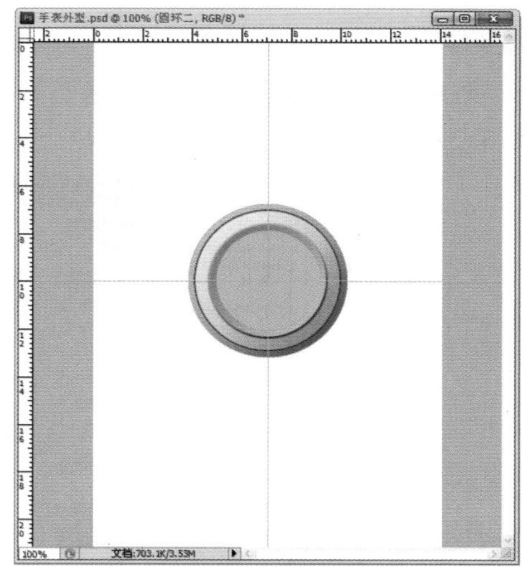

■图 6-19　添加杂色后的效果

STEP 20　设置"前景色"为白色。在"图层"面板中，单击"圆环三"图层，新建"图层 5"并改名为"齿轮层"。选择工具箱中的"多边形工具"，在工具属性栏中设置"多边形工具"的工作参数，如图 6-20 所示。

■图 6-20　设置多边形工具

STEP 21　然后在工具属性栏中，单击 的下拉箭头，在弹出的“多边形选项”对话框中，设置参数如图 6-21 所示。

STEP 22　把光标放置在参考线的交点处，拖拽鼠标创建一个多边星形，在“图层”面板中，按住〈Ctrl〉键，用鼠标单击“圆形三”图层。按〈Shift+F7〉组合键反选选区，然后按〈Delete〉键，在“齿轮层”上删除选区中的像素。按住〈Ctrl〉键，用鼠标单击“圆形二”图层，再按“Delete”键删除选区中的像素，如图 6-22 所示的效果。

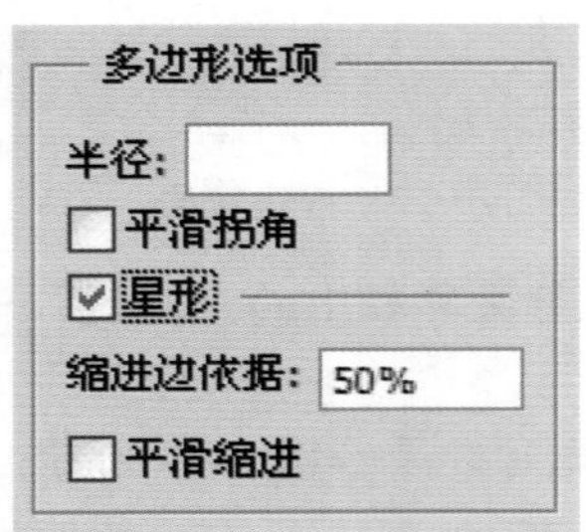

■图 6-21　设置多边形选项参数

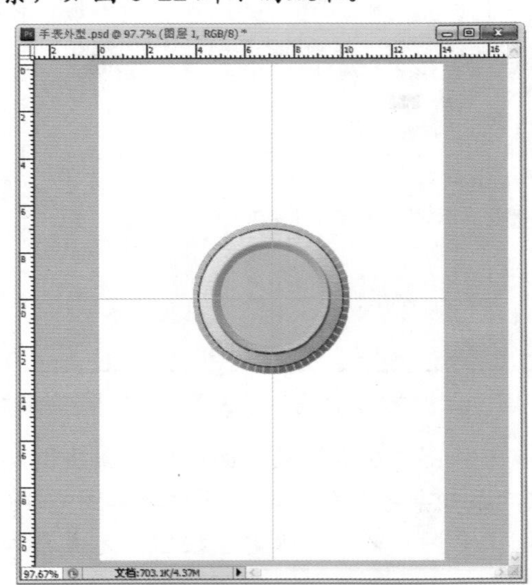

■图 6-22　删除后的效果

STEP 23　执行菜单栏中的“图层”→“图层样式”→“斜面和浮雕”命令，设置参数如图 6-23 所示。

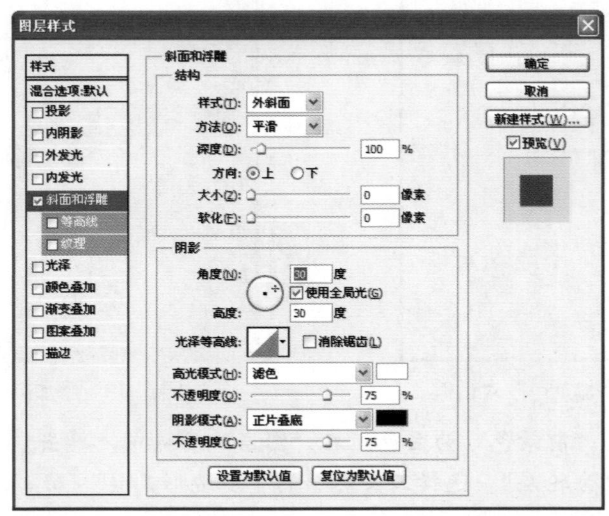

■图 6-23　设置“图层样式”对话框中的“斜面和浮雕”参数

STEP 24　选中对话框左边的“渐变叠加”选项，然后在右边的对话框中，单击“点按可编辑渐变”按钮。打开“渐变编辑器”对话框。在渐变条“位置”为“50%”的地方添加一个色标，然后从左到右分别把三个色标的 RGB 值设置为（202，202，202），（180，180，180），（112，112，110）。如图 6-24 所示。

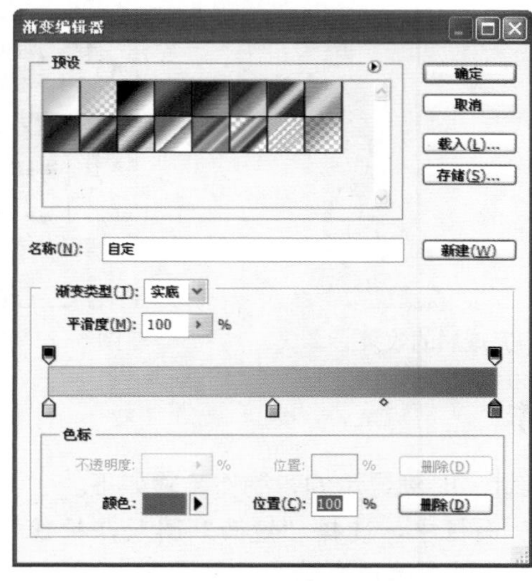

图 6-24　设置“渐变编辑器”对话框

STEP 25　单击“确定”按钮，继续在“图层样式”对话框的右边设置“渐变叠加”参数，如图 6-25 所示。

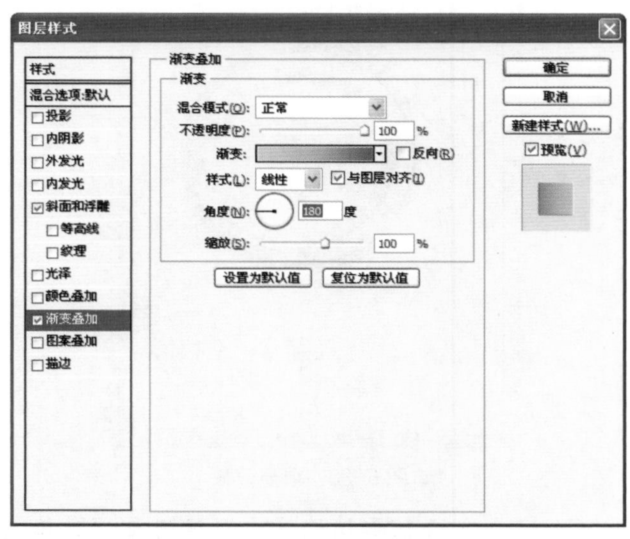

图 6-25　设置“图层样式”对话框

STEP 26　完成后的效果如图 6-26 所示。

STEP 27　这样，手表的外环就完成了，像不像一块手表呢？如果不像也不用着急，下面就来制作细节，此时最好检查一下图层是不是混乱，完成的图层如图 6-27 所示。

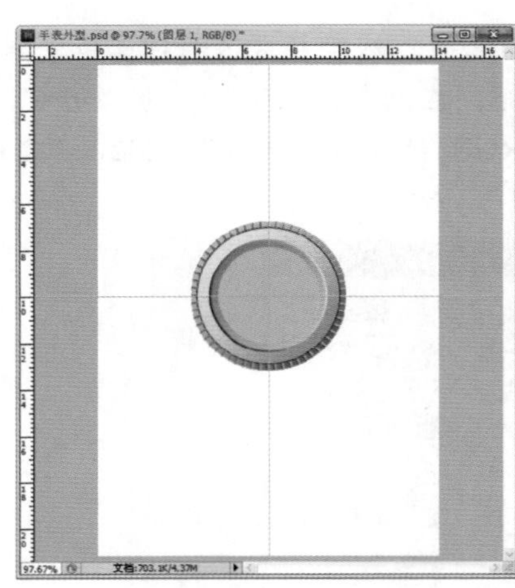

■图 6-26　完成后的效果

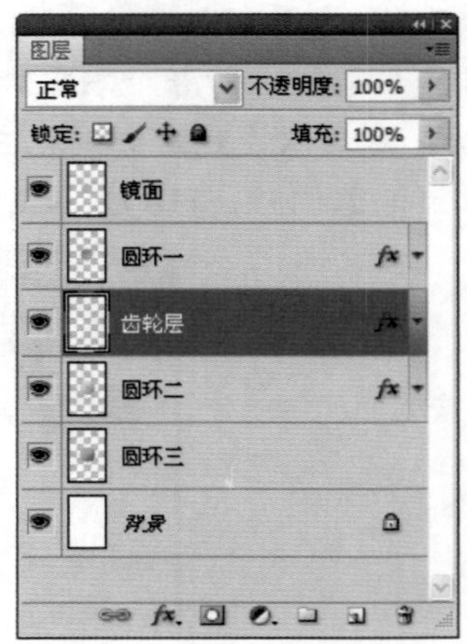

■图 6-27　完成后的图层效果

6.2.2　镜面的制作

手表的镜面里面是有指针、时刻显示的，制作步骤如下。

STEP 1　在“图层”面板中，选择“镜面”图层，按住〈Ctrl〉键单击“镜面”图层，然后按〈Alt+Delete〉组合键在选区中填充“前景色”(白色)，如图 6-28 所示。

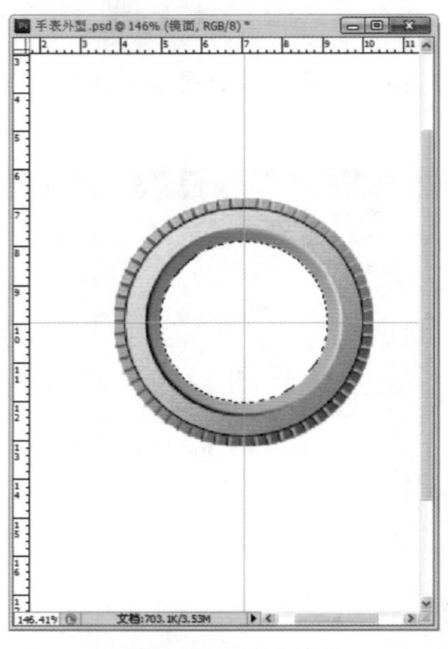

■图 6-28　填充效果

STEP 2　按下〈Ctrl+D〉组合键取消选区。新建图层“图层 1”设置前景色为黑色，在工具箱中选择“直线工具”，然后在工具属性栏中设置“直线工具”的属性，如图 6-29 所示。

■图 6-29　设置直线工具的属性

STEP 3　按住〈Shift〉键，沿着水平和垂直的两条参考线绘制两条直线，如图 6-30 所示。

STEP 4　复制“图层 1”为“图层 1 副本”，如图 6-31 所示。

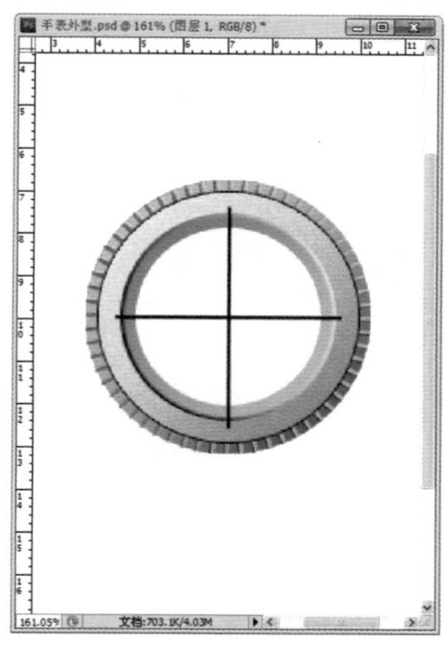

■图 6-30　绘制十字形

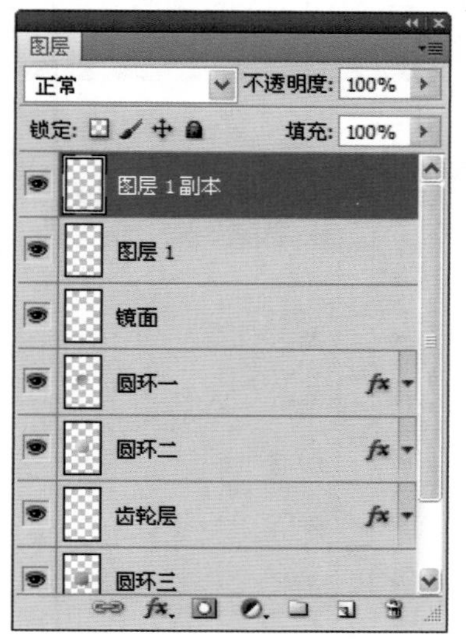

■图 6-31　复制图层 1

STEP 5　然后按〈Ctrl+T〉组合键执行自由变换操作。按住〈Shift〉键，把“图层 1 副本”中的直线旋转 30°（在工具栏中可以进行设置），如图 6-32 所示。

STEP 6　按〈Enter〉键执行旋转操作。然后选择工具箱中的“移动工具”，并用键盘的箭头键微调图像的位置。然后用同样的方法，复制一层，再旋转 30°。再次用箭头键，调整图像的位置，如图 6-33 所示。

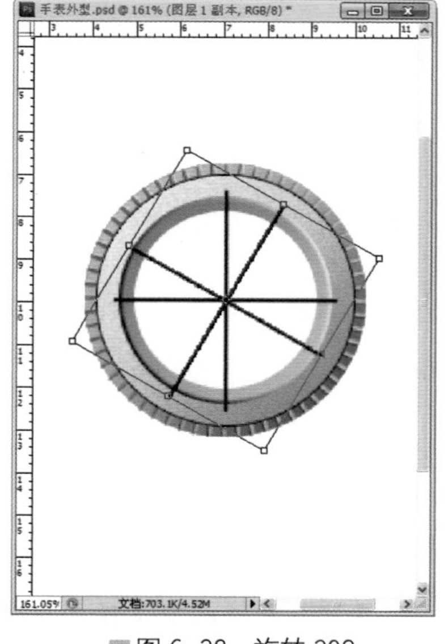

■图 6-32　旋转 30°

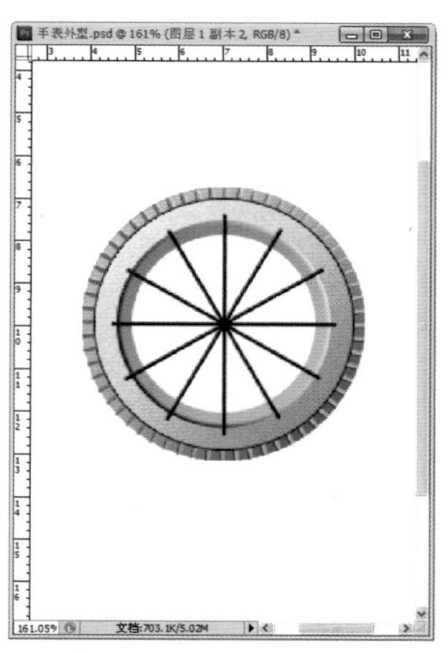

■图 6-33　旋转后的效果

STEP 7　合并“图层 1”以上的图层，命名为“图层 1”，如图 6-34 所示。

STEP 8　在“图层 1”底下新建一个“图层 2”，单击工具箱中的“椭圆选框工具”，按住〈Shift+Alt〉组合键，以参考线交点为圆心，创建一个圆形选区。然后选择“图层 1”图层，按〈Delete〉键删除选区中的像素。如图 6-35 所示。

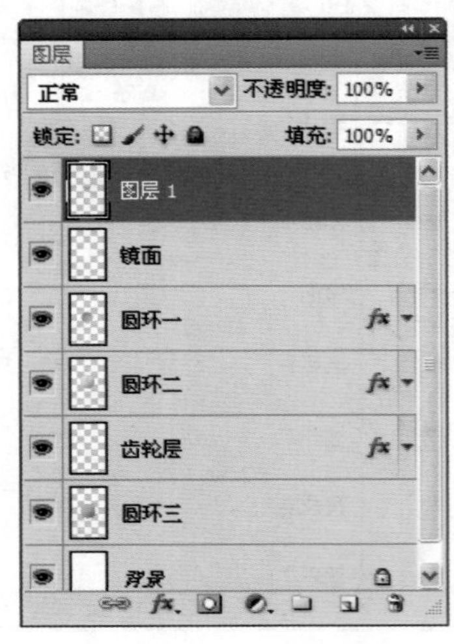

■图 6-34　合并后的图层

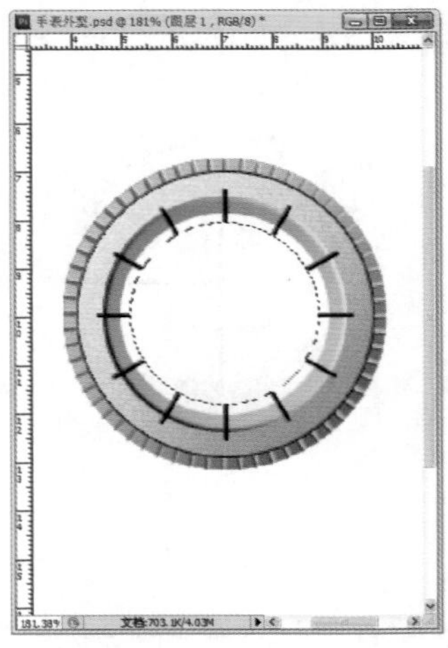

■图 6-35　删除后的效果

STEP 9　按住〈Ctrl〉键，单击“图层”面板中的“镜面”图层。按〈Shift+Ctrl+I〉组合键反选选区。然后再按〈Delete〉键删除选区中的像素。完成后，按下〈Ctrl+D〉组合键取消选区，如图 6-36 所示。

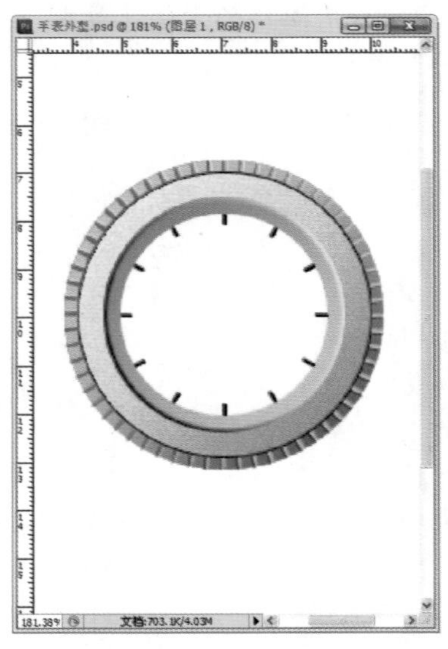

■图 6-36　点时刻的绘制

STEP 10　再次选择工具箱中的“直线工具”，在工具属性栏中设置“直线工具”的属性，如图 6-37 所示。

图 6-37 设置“直线工具”属性

STEP 11 新建“图层 3”，沿着两条参考线，绘制两段直线，如图 6-38 所示。

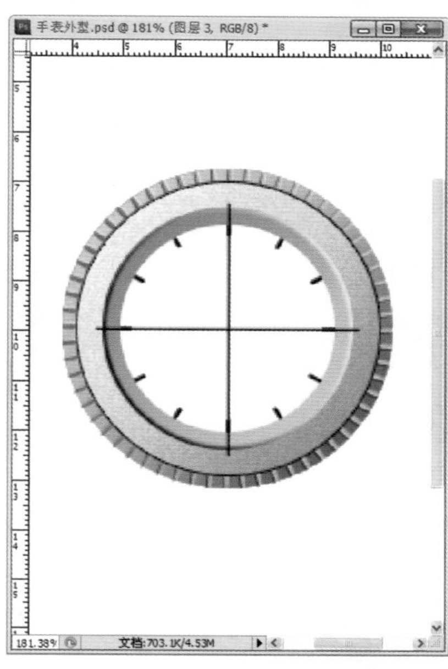

图 6-38 绘制十字交线

STEP 12 用上面学过的刻度制作方法，制作另外三根刻度线。按〈Ctrl+T〉组合键，然后在工具属性栏中设置自由形变参数为 6°，如图 6-39 所示。

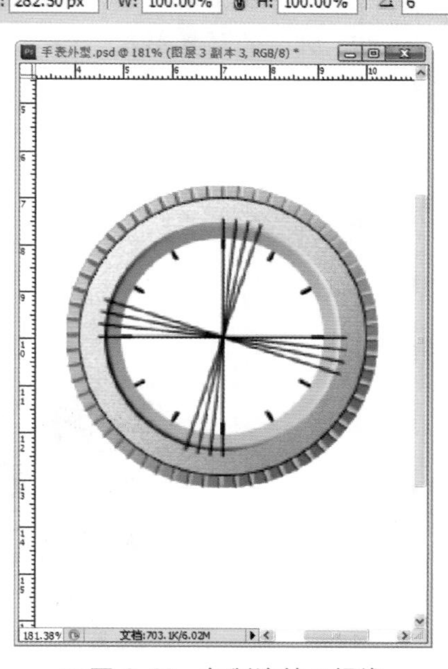

图 6-39 复制旋转 3 根线

STEP 13　再合并图层，把四根刻度线所在的图层合并为“图层 3”。然后再用复制图层和自由变形操作，绘制其他刻度，如图 6-40 所示。

STEP 14　完成后，合并“图层 3”以上的图层，命名为“图层 3”。用上面学过的方法，裁去线段多余的部分，制作刻度，具体效果如图 6-41 所示。

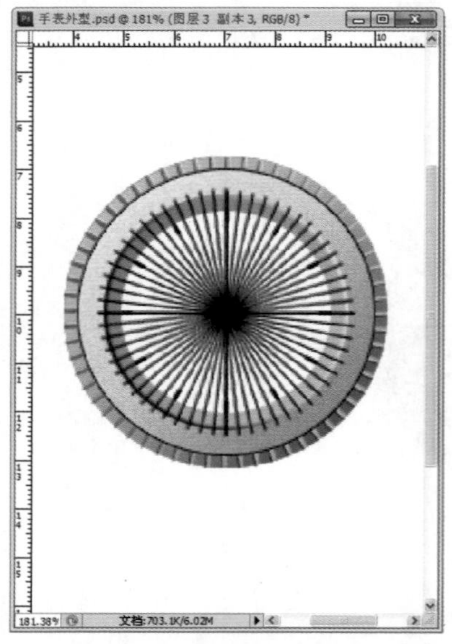

■图 6-40　其他的刻度旋转效果

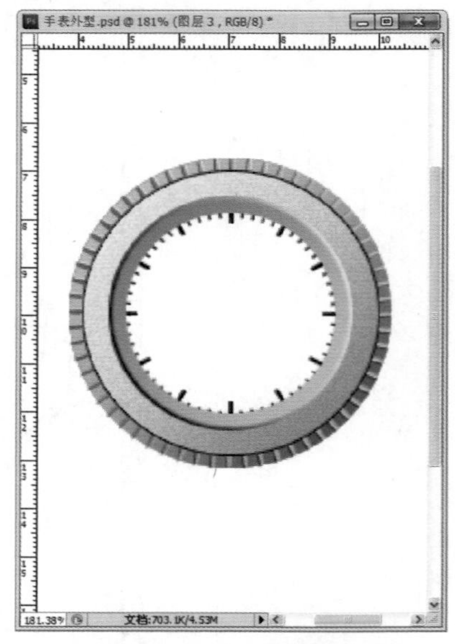

■图 6-41　完成的刻度

STEP 15　在“图层”面板中，新建“图层 4”。综合利用“多边形索套工具”，“矩形选框工具”和“椭圆选框工具”，在画面中绘制其余的刻度，完成的效果如图 6-42 所示。

STEP 16　单击工具箱中的“自定形状工具”，在工具属性栏中，单击“形状”右边的小三角箭头，然后选择如图 6-43 所示的预置形状。

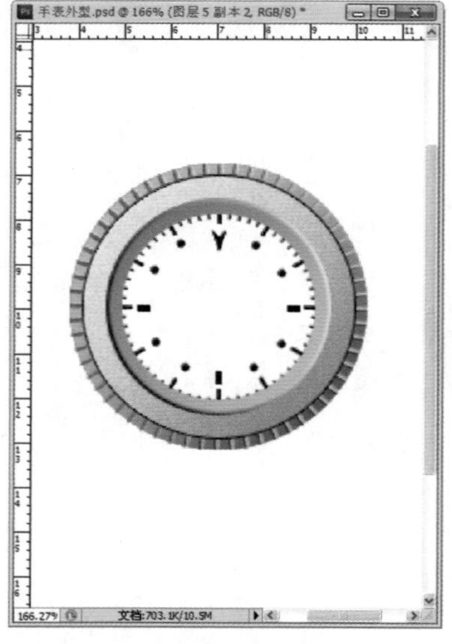

■图 6-42　完成的时刻装饰效果

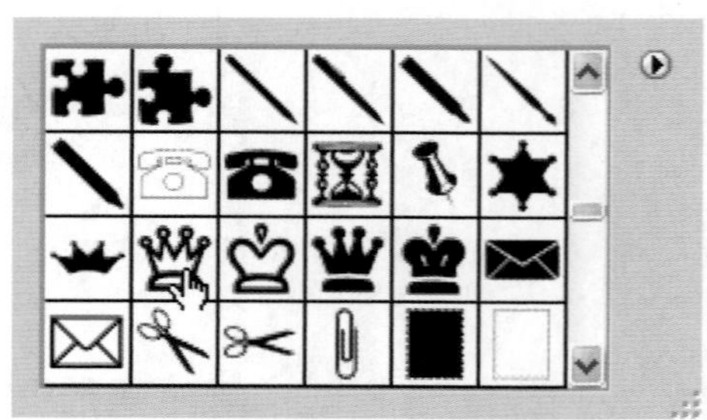

■图 6-43　选择形状

STEP 17　在“图层”面板中，新建“图层 6”图层。用鼠标在画面上拖拽，绘制标志图形。然后选择移动工具，调整标志图形的位置，如图 6-44 所示。

STEP 18　按住〈Ctrl〉键，再连续按键盘数字键上的加号键两下，放大视图。选择工具箱中的“横排文字工具” T，把文字颜色设置为黑色，输入文字，设置为 10 号字，宋体。如图 6-45 所示。

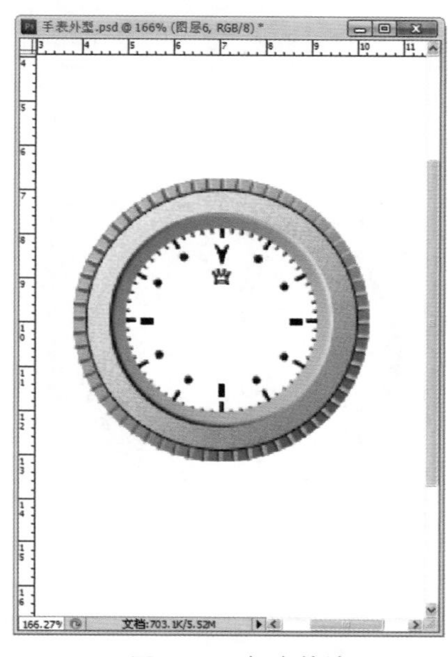

图 6-44　标志的放置

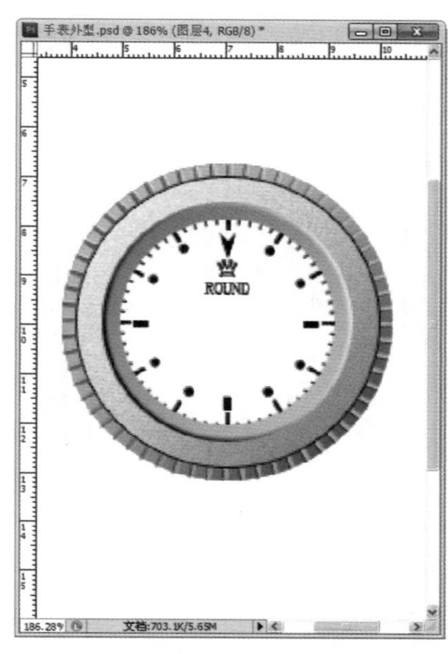

图 6-45　输入文字效果

STEP 19　在“图层”面板中新建图层“图层 7”。选择工具箱中的“多边形索套工具”，创建多边形选区，如图 6-46 所示。

STEP 20　在工具箱单击“前景色”按钮，把“前景色”的 RGB 值设置为（209，207，197），如图 6-47 所示。

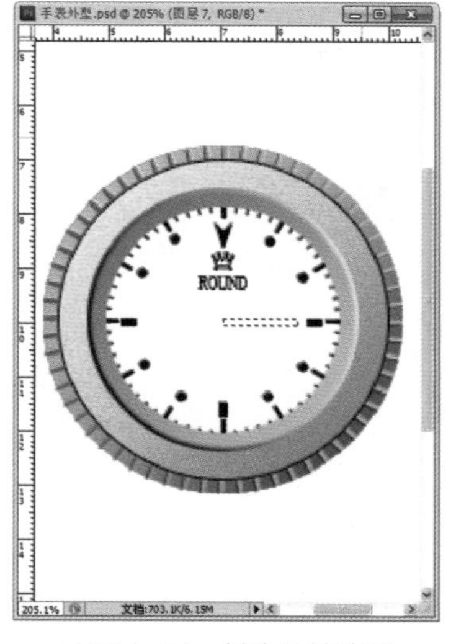

图 6-46　创建分针选区

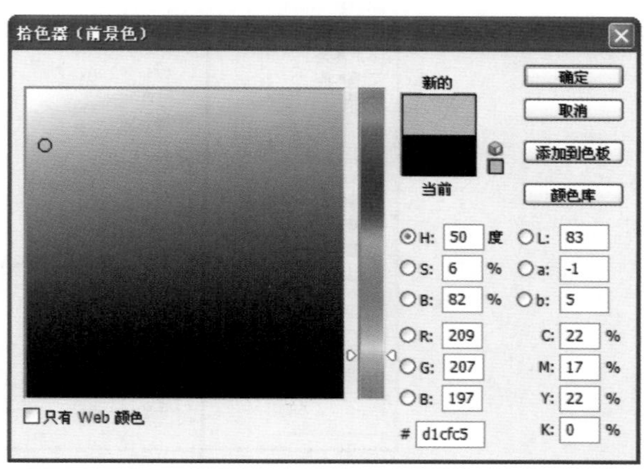

图 6-47　设置前景色

第 6 章　平面实物创意设计

STEP 21　按〈Alt+Delete〉组合键在选区内填充前景色。然后按下〈Ctrl+D〉组合键取消选区，如图 6-48 所示。

STEP 22　在工具箱中选择“矩形选框工具”，在画面中创建一个矩形选区，按〈Delete〉键删除，并把前端制作成三角形，完成后按下〈Ctrl+D〉组合键取消选择，如图 6-49 所示。

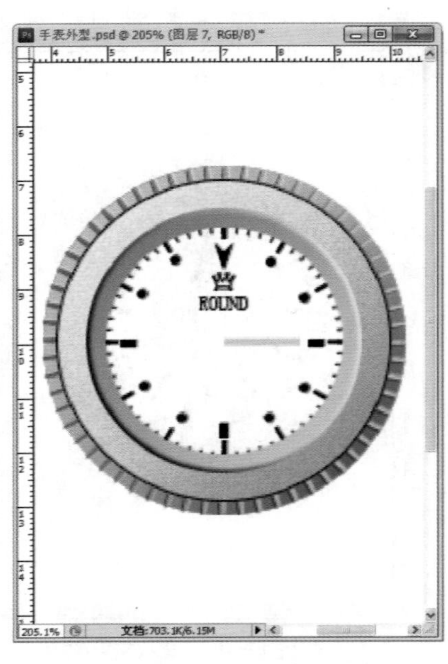

图 6-48　填充效果

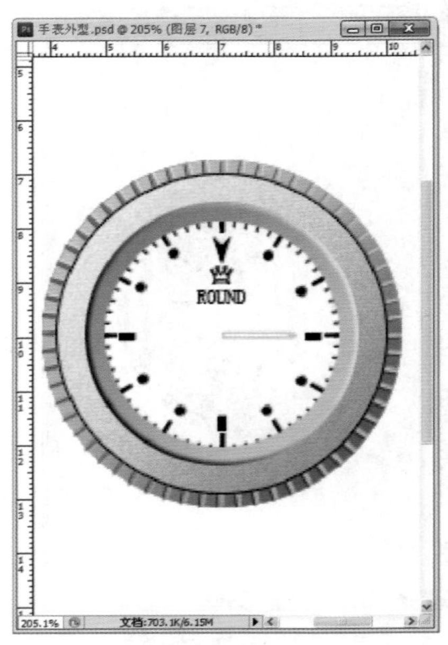

图 6-49　完成的分针外型

STEP 23　执行菜单栏上的“图层”→“图层样式”→“斜面和浮雕”命令，打开“图层样式”对话框，设置参数如图 6-50 所示，完成的效果如图 6-51 所示。

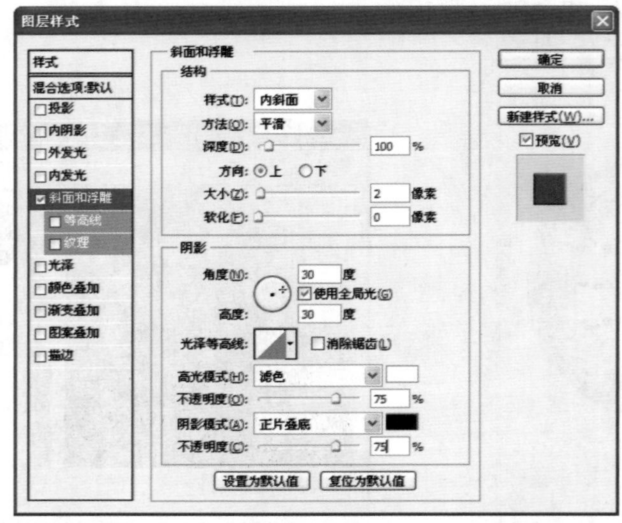

图 6-50　设置“图层样式”对话框中的“斜面和浮雕”参数

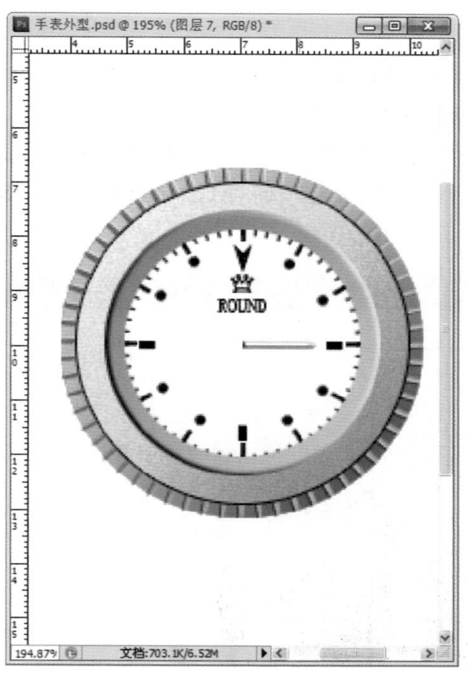

■图 6–51　完成的分针效果

STEP 24　在“图层”面板中新建“图层 8”、“图层 9”、“图层 10”。用上面所介绍的方法，分别制作时针、表针轴和秒针，整体效果如图 6–52 所示。

STEP 25　把“图层 7”、“图层 8”、“图层 9”、“图层 10”关联起来。按〈Ctrl+E〉组合键合并指针图层，并命为“指针”，如图 6–53 所示。

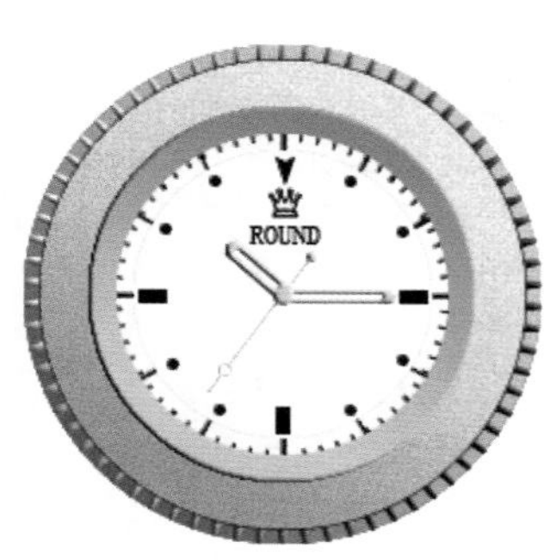

■图 6–52　最后完成的效果

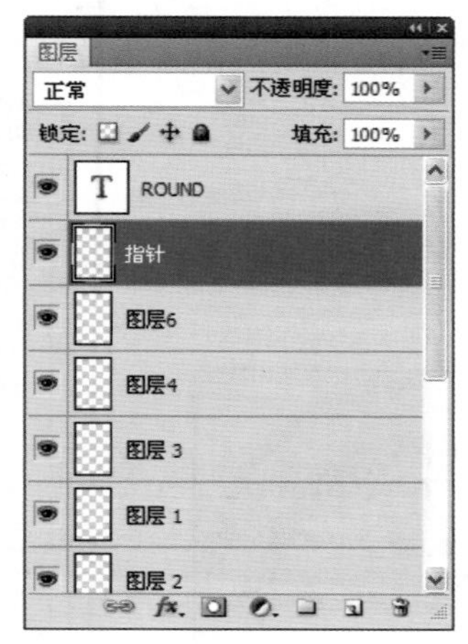

■图 6–53　合并后的图层效果

6.2.3　手表链的制作

手表的如果在手表链的衬托之下可以更加形象，在这里也制作一个漂亮的外接链，制作的步骤如下。

STEP 1　新建立一个图层，选择工具箱中的“钢笔工具”，在画面中绘制路径，如图6-54所示。

STEP 2　按住〈Ctrl〉键，在“路径”面板中单击路径“工作路径”，把路径转化为选区，把“前景色”的 RGB 值设置为（187，187，184），如图 6-55 所示。

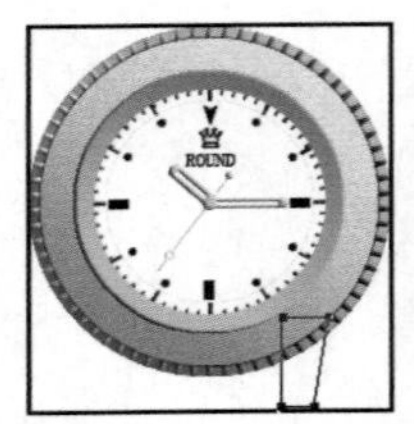

■图 6-54　绘制路径

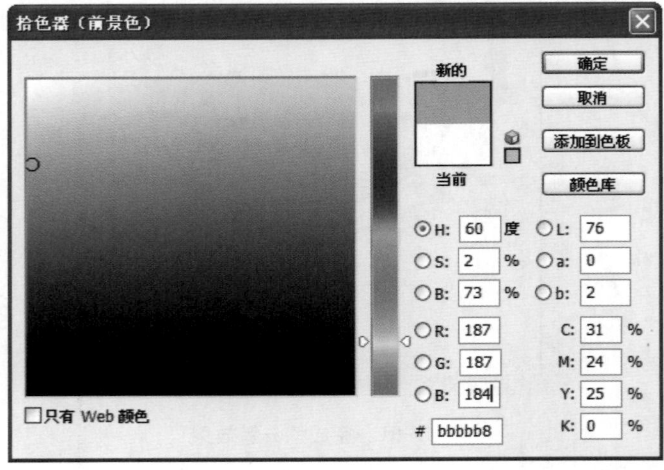

■图 6-55　设置前景色

STEP 3　按〈Alt+Delete〉组合键在选区中填充“前景色”。然后按下〈Ctrl+D〉组合键取消选区，如图6-56所示。

STEP 4　执行菜单栏上的“图层”→“图层样式”→“渐变叠加”命令，设置参数，在“图层样式”对话框中，单击右边的“点按可编辑渐变”按钮，如图 6-57 所示。

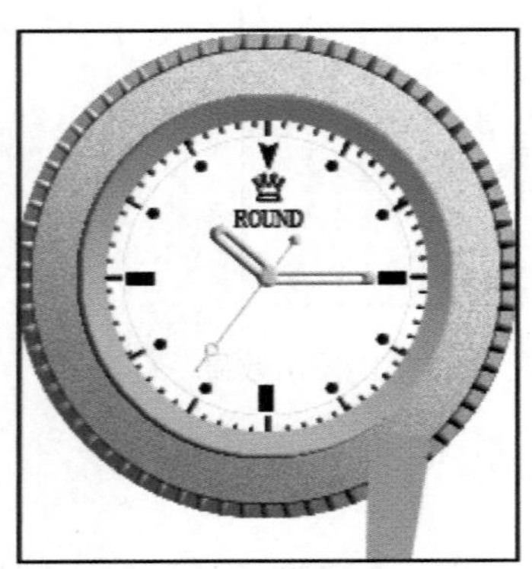

■图 6-56　填充的效果

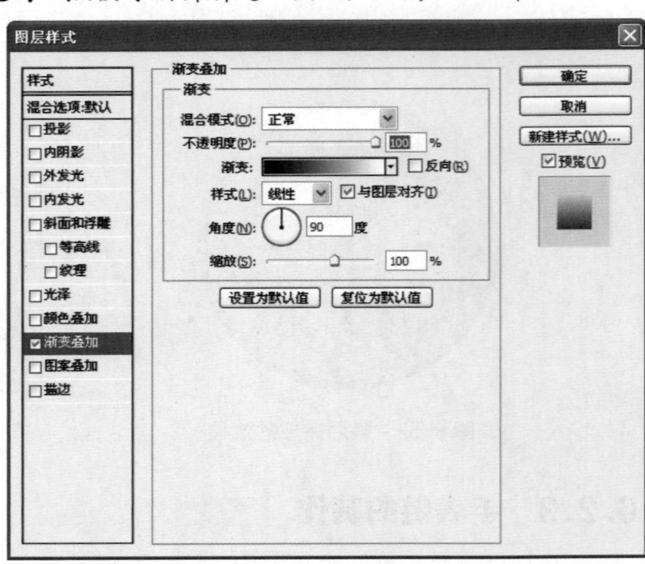

■图 6-57　设置“图层样式”对话框

STEP 5　打开“渐变编辑器”对话框。分别在渐变条位置为“45%”、“60%”、“80%”处添加三个色标。然后从左到右设置灰黑到白间隔的颜色值，可自定义效果。如图 6-58 所示。

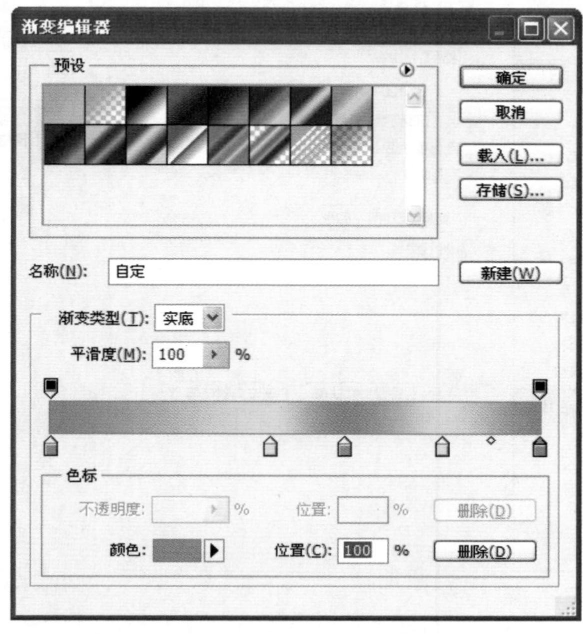

■图 6-58　设置“渐变编辑器”对话框

STEP 6　单击“确定”按钮确认操作，回到“图层样式”对话框，继续设置其他参数。如图 6-59 所示。

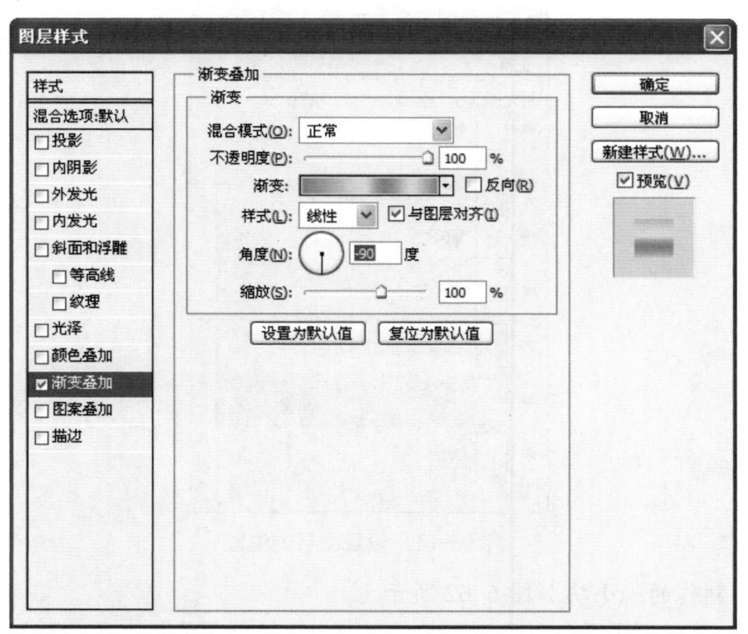

■图 6-59　设置“图层样式”对话框中的“渐变叠加”参数

STEP 7　在"图层样式"对话框的左侧的窗口中单击"描边"选项，设置参数，如图 6-60 所示。这里我们把描边颜色的 RGB 值设定为（116，116，116）。

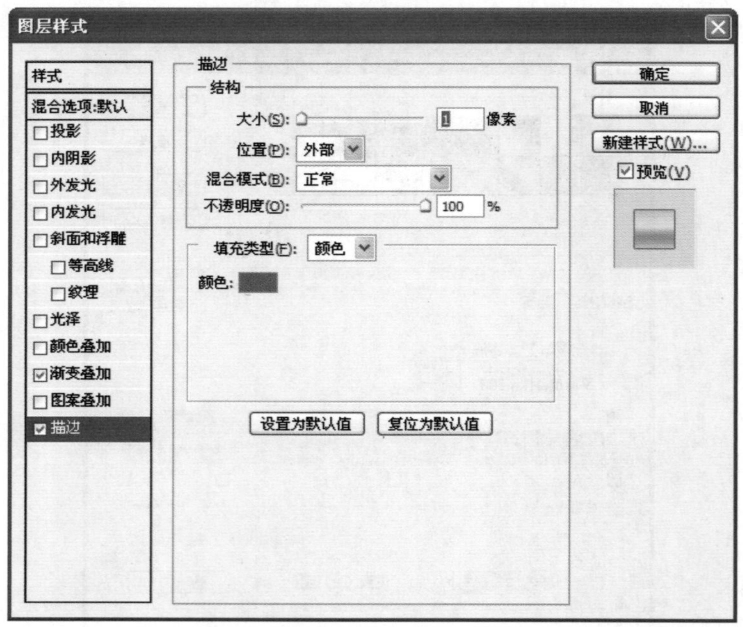

■图 6-60　设置"图层样式"对话框的"描边"参数

STEP 8　完成后，在"图层"面板中把"图层 7"拉到"圆环三"的下面，如图 6-61 所示。

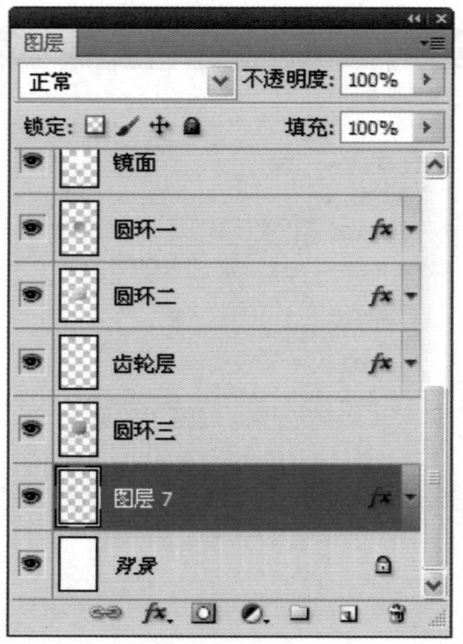

■图 6-61　设置图层的位置

STEP 9　制作的一小块如图 6-62 所示。

STEP 10　复制"图层 7"为"图层 7 副本"，执行菜单栏上的"编辑"→"变换"→"水平翻转"命令。用"移动工具"调整"图层 7 副本"的位置，如图 6-63 所示。

图 6-62　制作的一小块效果

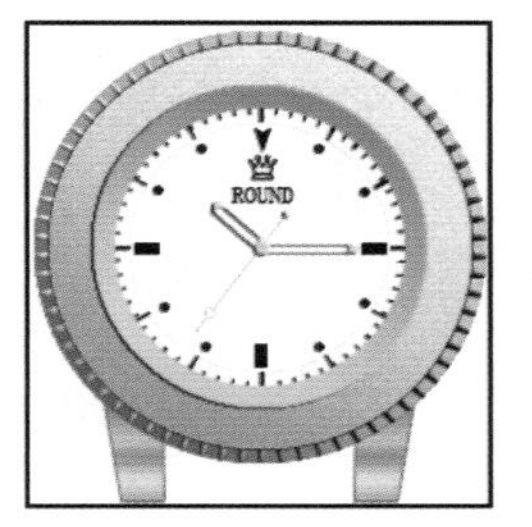

图 6-63　水平翻转效果

STEP 11　**选择工具箱中的“钢笔工具”，在画面中绘制路径，如图 6-64 所示。**

STEP 12　**按住〈Ctrl〉键，单击“路径”面板中的“工作路径”，把路径转化为选区。在图层面板中新建“图层 8”，在选区中从左到右添加颜色灰黑色的渐变色。完成后，把“图层 8”的位置调整到“图层 7”的下面，如图 6-65 所示。**

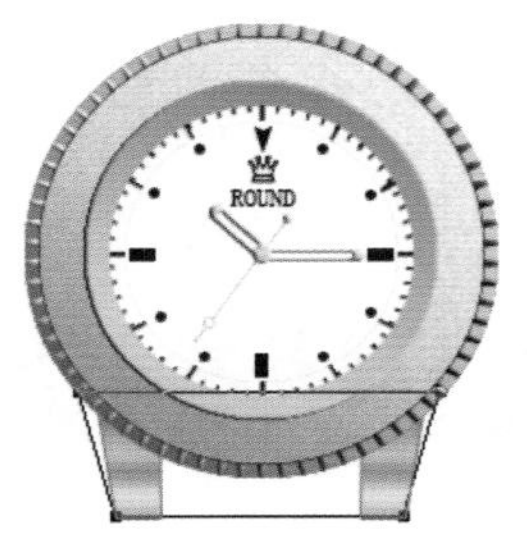

图 6-64　绘制路径

图 6-65　手表链的最后效果

STEP 13　**用上面所学过的方法，继续制作其他部分的表链和表把，最后的效果如图 6-66 所示。**

本实例主要制作具有整体立体逼真效果的手表外型，通过分步制作手表外环的制作、手表镜面的设计、手表链的制作以及合成后的整体效果。由于时间匆促，只制作出标准手表样式，根据本实例的详细讲解，读者在实际制作中，可以适当地加入自己的设计，制作出具有不同品味的手表外型，例如，卡通样式的、女性手表等等。

图 6-66　手表的最终效果

第7章

产品包装设计

一个产品的包装直接影响顾客购买心理。好的包装设计定位准确、符合消费者心理，能帮助企业在众多竞争品牌中脱颖而出。包装设计涵盖产品容器设计，产品内外包装设计。吊牌、标签设计、运输包装、礼品包装设计，以及拎袋设计等是产品提升和畅销的重要因素。在对它们进行设计时，要强调设计的装饰性，大胆运用鲜艳的色彩及醒目的文字，以传统文化作为包装设计源来进行作品创作，要追求风趣、幽默的境界，要融入历史、装饰意义、折衷及隐喻设计的倾向性。本章将运用一些实例，对此做详细而具体的阐述。

7.1 产品包装设计创意指导

包装是商品在购买、销售、存储流通领域中保证质量的关键。一个精美别致的包装不仅能给人以美的享受，而且在超市不断出现和销售方式改变的今天，能直接刺激消费者的购买欲望，从而达到促进销售的目的，起到无声售货员的作用。因此包装设计的重要性可见一斑，它不但能起到美化产品外形的作用，最重要的是达到促销和宣传产品的作用，给消费者留下难以磨灭的印象。不管是理论上面，还是具体的设计实践，包装设计都一定要符合时代潮流，体现简洁设计的原则。在包装设计当中，要依托传统文化，同时赋予时代特征。在字体和色彩等选择上，要大胆使用鲜艳的色彩及醒目的文字，以达到风趣、幽默、和谐的境界。

一般平面设计师在开始策划包装设计前就已经知道：包装的美化导入是依附于包装立体上的平面设计，是包装外在的视觉形象，其中可以导入商品相关文字、商品图片、商品产地及视觉形象代表等要素。在市场经济生活大潮中，各行业为了让自己的产品被消费者接受，并第一时间被发现，他们绞尽脑汁对包装提出了各种各样的新要求。行业的商家们不仅在包装设计方面的招数增多，而且包装的新型材料也层出不穷，而这又丰富了设计层面，推动了设计的发展。面对目前所出现的新情况、新趋势，如何把这些知识运用到现代包装设计中是下面将要阐述的问题。

7.1.1 包装创意表现形式的 7 种方法

包装创意的表现形式主要有以下 7 种方法：

1. 突出特性

不同的产品，有不同的特性，这个特性往往是一个企业及其产品区别于其他企业产品的个性所在，体现着该产品与其他同类产品的差异。企业的产品对消费者的吸引力，往往不在于它们的共性，而在于它们的个性特征。如麦当劳和肯德基，都有自己的消费群，它们的产品有共同的，有不相同的，但消费者去麦当劳更多是吃汉堡包、去肯德基更多是吃鸡翅。消费者吃的是它们所特有的，而不是它们都有的可乐饮料。

2. 消费定位

包装画面的诉求对象是产品的认同群和影响群，是企业产品的最终消费者。设计者在创意设计时，一定要清楚产品是卖给谁的。这是一种以产品特定消费群体为主题的定位设计。消费群体可以按年龄、性别、国家、文化、阶层等方面来划分，不同产品将面对不同的消费群体。因此，设计只有围绕着产品所面对的特定消费群体来思考，才能起到直接面对面的效果，拉近产品与消费者之间的距离，产生亲和感。

3. 强调品牌

不同的产品，有不同的品牌和商品名称，富有个性化的品牌形象是占领市场的有力武器。新产品往往借助富有创意的新形象，来赢得消费者的好感。

4. 最少投入

以最小的投入，获得最大的回报，这是商业信条，设计的表现同样可用此理。但设计中的前期是大量构思、多种方案过滤的结果，是取包装图形、文字之精华，以一当十，摄取包装主色彩和简约编排，明了、单纯的包装画面，让人感受高贵典雅和时尚。极少，有时胜过繁琐的多，这种少不是一种简单，而是经过提炼概括高度的浓缩。

5．度的把握

包装设计是实用视觉艺术，有功能及艺术的双重性。为达到较强艺术感染力，所有其他视觉艺术形式都可以是它的表现手段，各种绘画语言所特有的艺术表现力是传递商品信息的。

6．可遇不可求

现实生活中有些事物是可以遇到，而不能预计的，包装设计的随意偶发表现也与此相似。例如，包装底纹抽象机理的表现就是一种偶然形的运用，偶然形贵在自然巧合而成，难以预料而无法事先设定。如墨水湮渗的形、烟云漂浮的形、滤镜随意制作产生的偶然形、都具有不能重复的偶然性和复杂程度。一般为自然作用的结果，是不能预测而自发的。偶然形虽较朦胧模糊，但其魅力往往独到超人，是可遇而不可求的；也是包装设计追求画面视觉新颖的常用手法之一。

7．加与减

艺术最高境界的标志之一，就是做减法，中国画提倡“意到笔不到”，包装设计也是这样。特别是图形的表现，不能面面俱到，要取其精华，以最简练的视觉语言表现。

7.1.2 平面设计中包装的图形设计分析

平面设计中包装的图形设计分析，主要从以下几个方面进行阐述：

包装设计的图形从内容上可以分为以下几类。

1）产品形象。

2）标志形象。

3）消费者形象。

4）借喻形象。

5）字体变化形象。

6）应用说明形象。

7）辅助装饰形象等。

1．图形设计的要点

（1）注意准确的信息性

图形作为设计的语言，要注意把话说清楚。在处理中必须抓住主要特征，注意关键部位的细节。否则失之毫厘，谬以千里。

一种形象的特征往往是在与它同类形象的比较中显现得更为鲜明，所以，在比较中把握特征是一个有效方法。

（2）注意鲜明而独特的视觉感受

现代销售中包装实际上也是一种小型广告设计，不仅要注意内容的特定信息传达，还必须具有鲜明而独特的视觉形象。

所谓独特，并不在于简单或复杂。简单的可能是独特的，也可能是平淡的；复杂的可能是新颖的，也可能是陈旧的。要做到简洁而有变化，复杂而不繁琐，简而生动、丰富，繁而单纯、完美。才能新颖独特，富有个性。

（3）注意有关的局限性与适应性

图形传达一定意念，对不同地区、国家、民族的不同风俗习性应加以注意。同时也要注意适应不同性别、年龄的消费对象。

2．图形设计的形式变化

图形主要可分为具象，抽象和装饰图形三类。

（1）具象图形

1）摄影图片：摄影图片能真实地表达产品形象，色彩层次丰富，在包装上的应用日渐广泛。摄影图片除写实表现外，还可以采用多种特殊处理形成多种图形效果。

2）写实绘画图形：摄影不能代替绘画手段。而所谓写实绘画也不是单纯客观地写实，否则就不必绘画，应根据表现要求对所要表现的对象进行有所取舍的主观选择，使形象比实物更加单纯、完美。

3）归纳简化图形：这是指在写实基础上的概括处理。归纳特征、简化层次，使对象得到更为简洁、清晰的表现。在表现方法上，点、线、面的变化可以形成多种表现效果。

4）夸张变化图形：这是在归纳简化基础上的变化处理。即不但有所概括，还强调变形，使表现对象达到生动、幽默的艺术效果。

（2）抽象图形

抽象图形指用点形变化、线形变化和面形变化形成没有直接含义而有间接联系的图形。抽象图形具有广阔的表现地方，在包装画面的表现上有很大的发挥潜力。抽象图形虽然没有直接的含义，但是同样可以传达一定的信息，在设计上这一点很重要。如前面谈到在联想法构思表现中，抽象图形同样可以引导观者的联想感受。

（3）装饰图形

包装对装饰图形的利用也很广泛，其中包括对传统装饰纹样的借用，设计中要注意不宜滥用装饰纹样，而应配合内容的属性、特色、档次适当运用。

7.2 包装设计实例：CD 封套设计

CD 封套，作为音乐，视觉艺术，消费文化交汇的集合体而被赋予了一种特殊的生命力。这一语言包含了多重的的元素——字体设计、图形（标志）设计、插图、摄影、版式设计、印刷工艺、材料应用等等。正是这个集合的语言要承载艺术与商业的双重诉求。这是约束与自由，困难与挑战的矛盾组合，是一个充满魅力的阵地。因此，在西方的文化前沿，视觉设计革命总是首先在唱片封套设计中爆发，而后才影响到广告、包装、企业宣传，电视包装等其他领域。下面将逐一展开阐述。

7.2.1 封套底纹的制作

封套底纹的制作步骤如下：

STEP 1 运行 Photoshop，执行菜单栏上的“文件”→“新建”命令，打开“新建”对话框。将“宽度”设置为“800 像素”、“高度”设置为“340 像素”、“分辨率”设置为

"72 像素/英寸"、"颜色模式"设置为"RGB 颜色"，其他设置保持默认。如图 7-1 所示。

STEP 2　执行菜单栏上的"视图"→"标尺"命令（或者按下快捷键〈Ctrl+R〉），打开标尺，把光标移动到垂直标尺上，向左拖拽出三根蓝色的参考线，如图 7-2 所示。

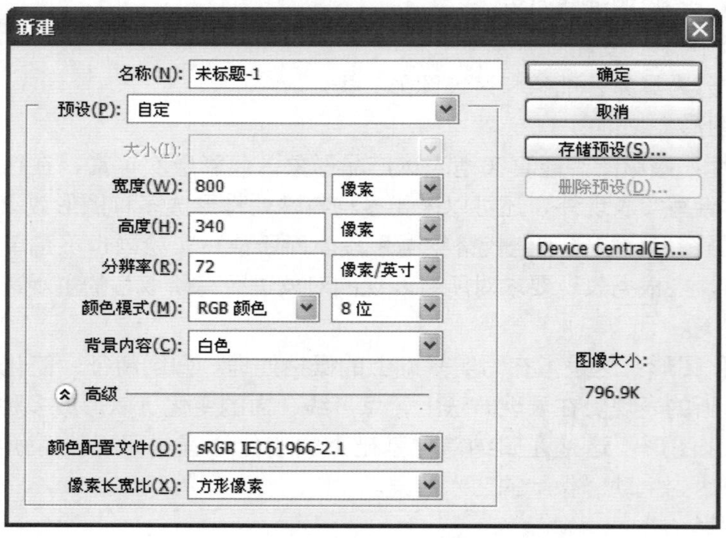

■图 7-1　设置"新建"对话框

■图 7-2　拉辅助线分割页面

STEP 3　单击工具箱中的“渐变工具”，在选项栏中单击“点按可编辑渐变”按钮，打开“渐变编辑器”对话框，设置的渐变填充如图 7-3 所示。

图 7-3　“渐变编辑器”对话框

STEP 4　设置完成后，单击属性栏上的“径向渐变”按钮，然后按住〈Shift〉键在页面上从中心向一边拉渐变。完成的效果如图 7-4 所示。

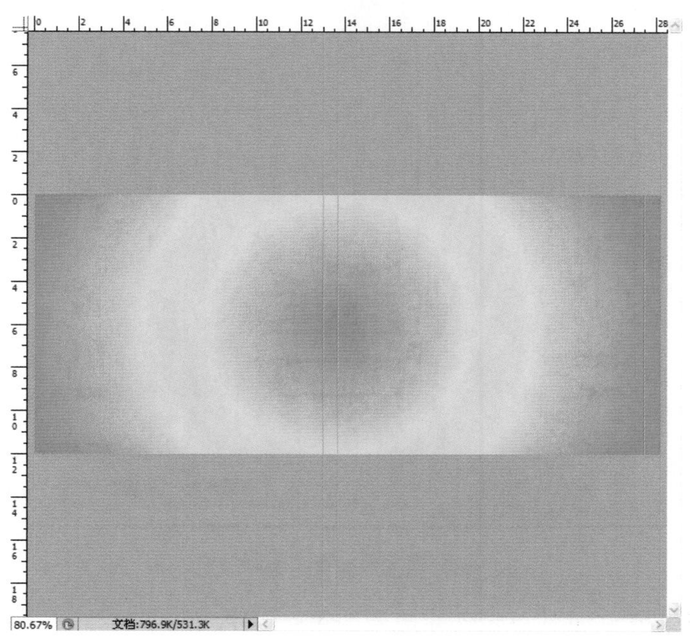

图 7-4　填充渐变后的效果

STEP 5 新建一个图层命名为“图层 1”。然后单击工具箱中的“矩形选框工具”[⬚]，绘制一个矩形选区，并且填充为橙黄橙的线性渐变。效果如图 7-5 所示。

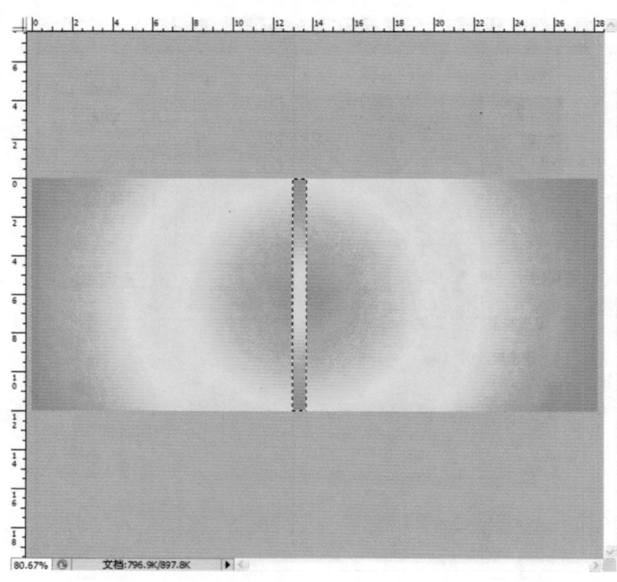

图 7-5 填充矩形选区

STEP 6 取消选区，然后把“图层 1”复制一个，获得“图层 1 副本”图层，然后把其位置放置在页面的最右边，然后合并所有图层，得到的效果如图 7-6 所示。

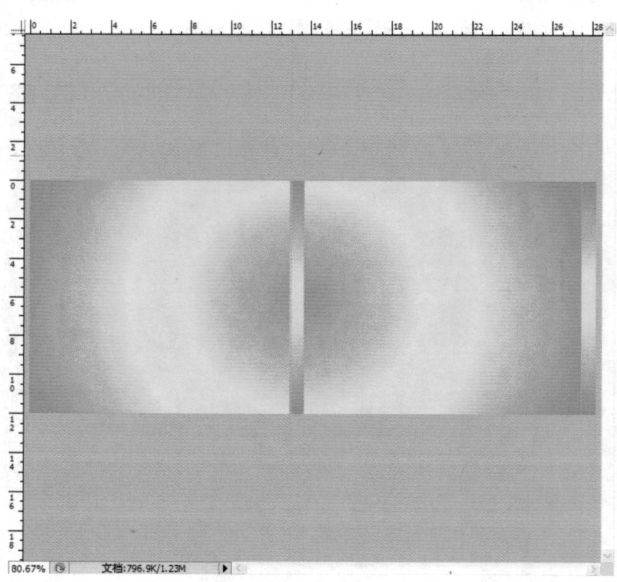

图 7-6 复制图层

做到这里，CD 封套的底纹就制作完成了，保存文件。

7.2.2 封套正面的制作

CD 封套的底纹制作完成之后，接下来就应该来设计制作封套的正面了，具体的操作步骤如下。

STEP 1 打开光盘中一幅仙鹤的图片素材，并且把素材的白色背景去掉，然后拖至之前制作好的 CD 封套底纹页面中。效果如图 7-7 所示。

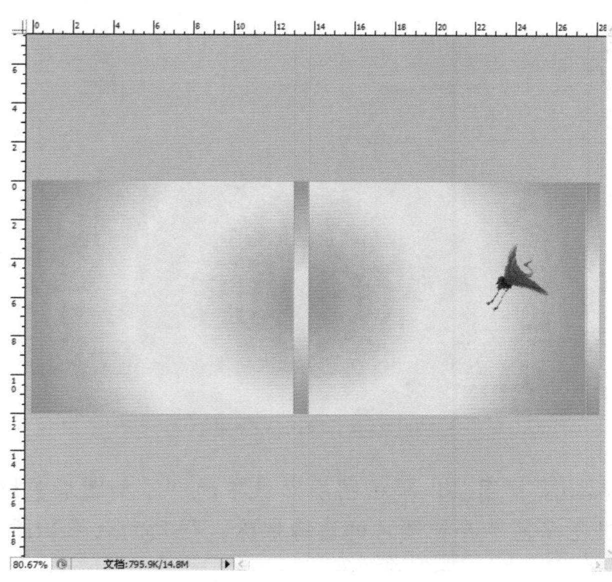

图 7-7 导入素材

STEP 2 复制一个仙鹤，并且调整它的大小和位置，完成的效果如图 7-8 所示。

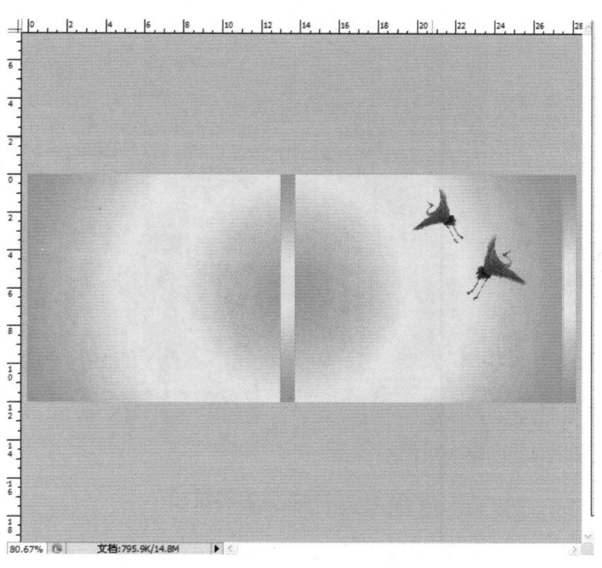

图 7-8 复制仙鹤

STEP 3　导入光盘中一幅人物素材，拖至在CD封套正面的最下方，效果如图7-9所示。

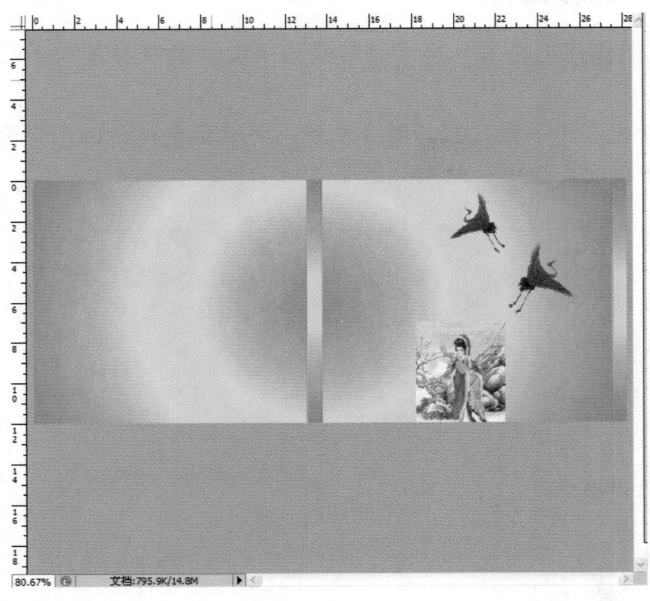

图7-9　导入人物素材

STEP 4　选择人物素材图层，单击图层面板下的“添加图层蒙板”按钮，添加一个图层蒙板，然后用黑色画笔工具把图片的边缘擦除。得到的效果如图7-10所示。

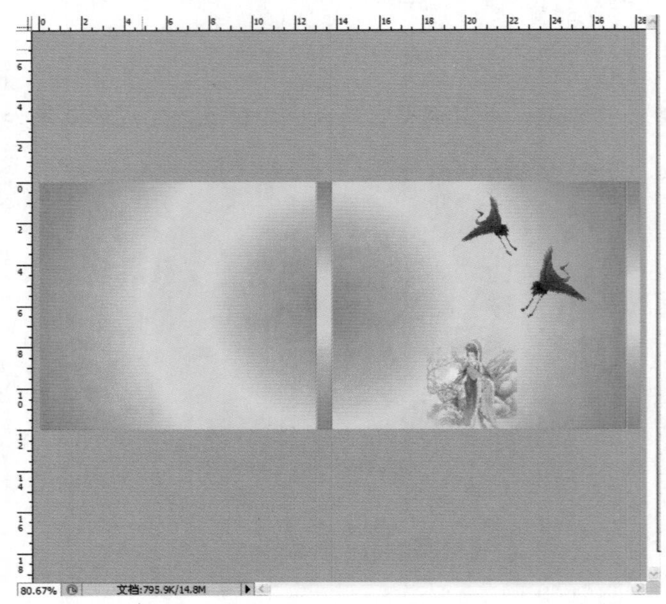

图7-10　添加图层蒙板

STEP 5　按照步骤4同样的方法，再导入3幅人物素材，同样也添加蒙板。并且把第一幅人物所在的图层放在最上面一层，完成的效果如图7-11所示。

■图 7-11 导入多幅人物素材

STEP 6 单击工具箱中的“直排文字工具”，属性设置如图 7-12 所示，输入文字“古琵琶曲”。

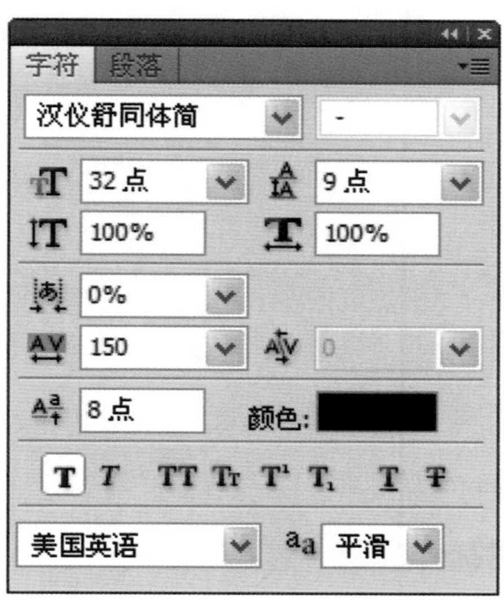

■图 7-12 文字属性

STEP 7 单击图层面板中的“添加图层样式”按钮，选择“斜面和浮雕”命令，打开“图层样式”对话框，参数设置如图 7-13 所示。

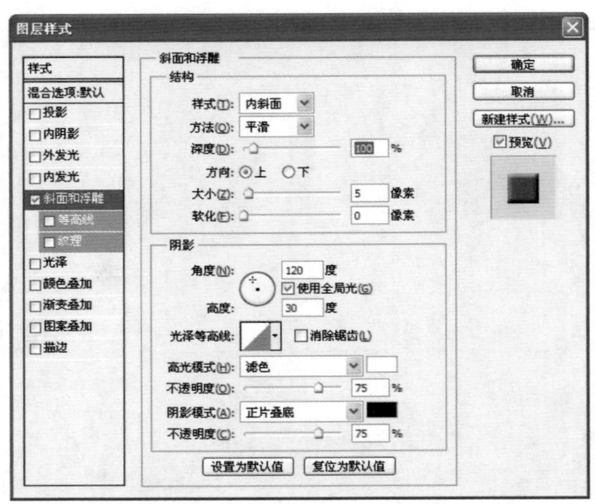

图 7-13　设置“图层样式”对话框中“斜面和浮雕”参数

STEP 8　完成后的效果如图 7-14 所示。

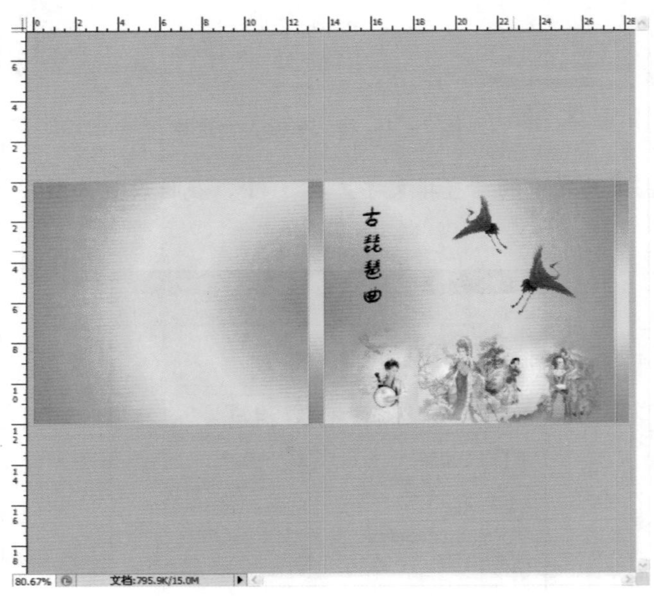

图 7-14　添加文字后的效果

这样，CD 封套的正面就制作完成了。

7.2.3　封套背面的制作

下面就来制作 CD 封套的背面，操作步骤如下。

STEP 1　单击工具箱中的“钢笔工具”，在页面中绘制一个花朵的形状路径。然后切换到“路径”面板，单击“路径”面板下方的“将路径作为选区载入”按钮，将其填充为红色，完成的效果如图 7-15 所示。

■图 7-15 绘制花朵

STEP 2 导入一幅图片素材，放在封套背面的最上方，并把其所在的图层放在花朵图层的下面，如图 7-16 所示。

■图 7-16 导入素材

STEP 3 单击图层面板下的“添加图层蒙板”按钮，添加一个图层蒙板，然后用黑色画笔工具把图片的边缘擦除掉。得到的效果如图 7-17 所示。

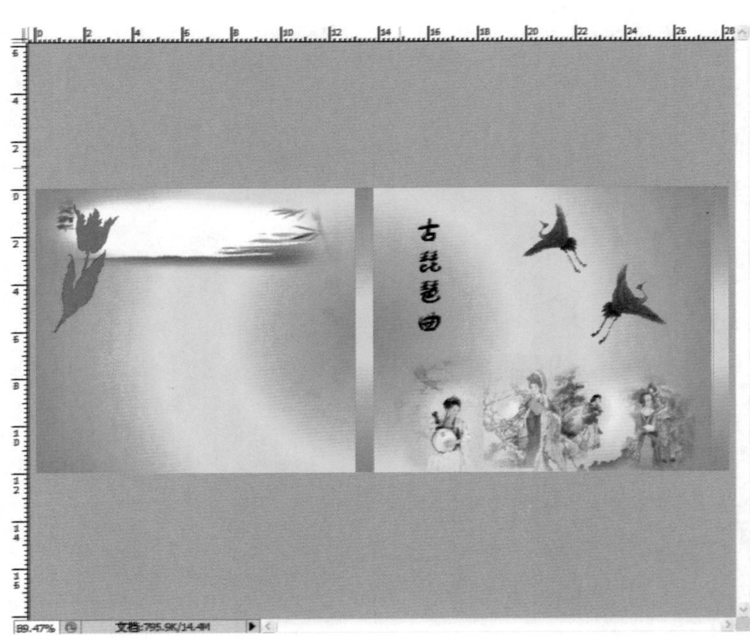

■图 7-17 添加图层蒙板

STEP 4 **单击工具箱中的"直排文字工具" [IT]，输入相应的文字，完成的效果如图 7-18 所示。**

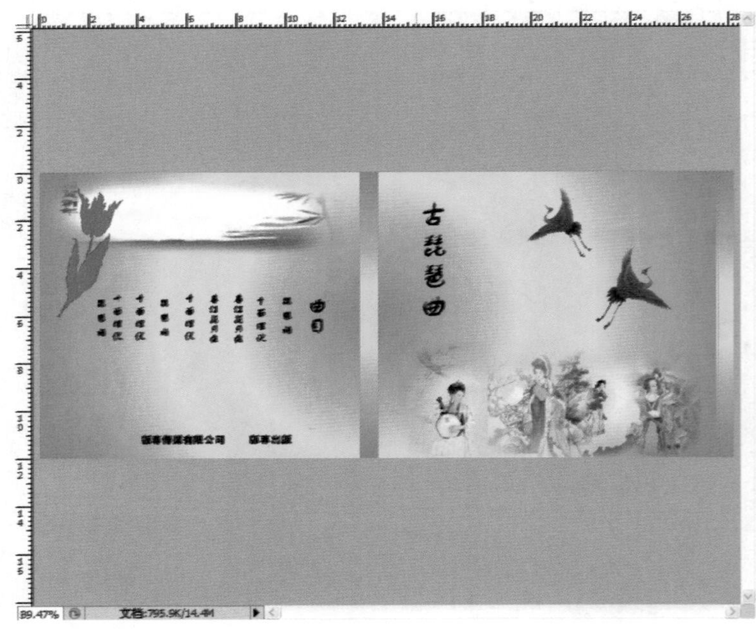

■图 7-18 添加文字

STEP 5 **最后在封套的背面添加一个条形码，背面的最终效果如图 7-19 所示。**这样，CD 封套的背面就制作完成了。

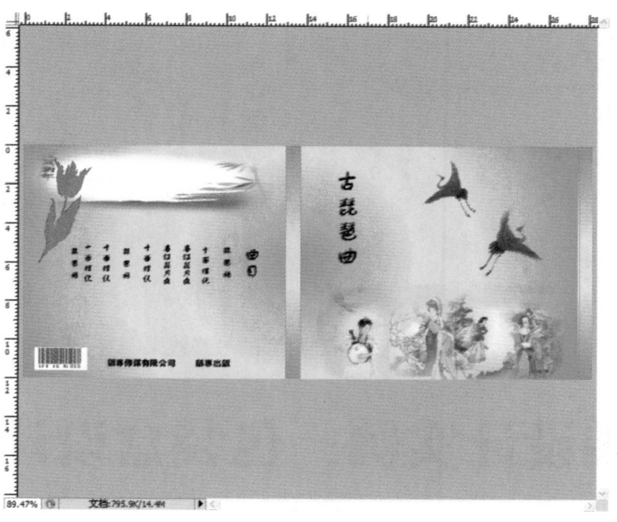

■图 7-19　添加条形码

7.2.4　封套中间栏的制作

前面已经把 CD 封套的正面和背面都制作完成了，接下来就是制作中间栏的部分，中间栏的制作相对要简单一些，只需要添加说明性的文字即可。

具体的操作步骤如下。

STEP 1　**单击工具箱中的“直排文字工具”，输入文字，并调整其大小和位置，效果如图 7-20 所示。**

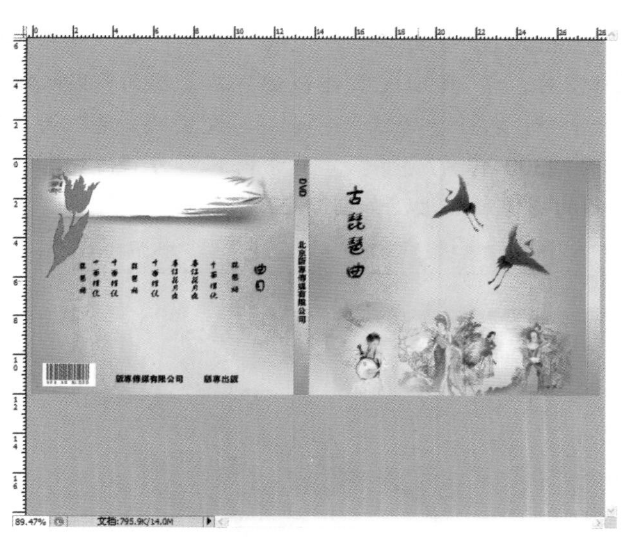

■图 7-20　添加文字

这样，CD 封套的中间栏目就制作完成了。做到这里，整个 CD 封套的设计就全部结束了。最终的效果如图 7-21 所示。

图 7-21　CD 封套的最终效果

7.3　包装设计实例：包装盒设计

包装盒顾名思义就是用来包装产品的盒子。可以按材料来分类，比如木盒、纸盒、布盒、皮盒、铁盒、亚克力盒、瓦楞包装盒等，也可以按产品的名称来分类，比如礼品盒、酒盒、巧克力盒、笔盒、食品包装盒、茶叶包装盒等。现在演变成由木、纸或其他的材料混合生产的包装盒。包装盒功能：保证运输中产品的安全，提升产品的档次等。确定了包装盒的功能、定位后，下面将通过实例来展开对包装盒设计的阐述。

7.3.1　基本素材的制作

在制作包装盒时，设计师首先需要做的是进行基本素材的制作。基本素材的具体制作步骤如下。

STEP 1　运行 Photoshop，执行菜单栏上的“文件”→“打开”命令，打开“打开”对话框，打开一幅绿叶图片，按〈Ctrl+C〉组合键将其复制到剪贴板中。然后单击菜单栏上的“文件”→“新建”命令，打开“新建”对话框，设置“宽度”为“5 厘米”、“高度”为“5 厘米”、“分辨率”为“300 像素/英寸”、“背景内容”为“白色”，并命名为“树叶”，按〈Ctrl+V〉组合键把复制的图像粘贴上，如图 7-22 所示。

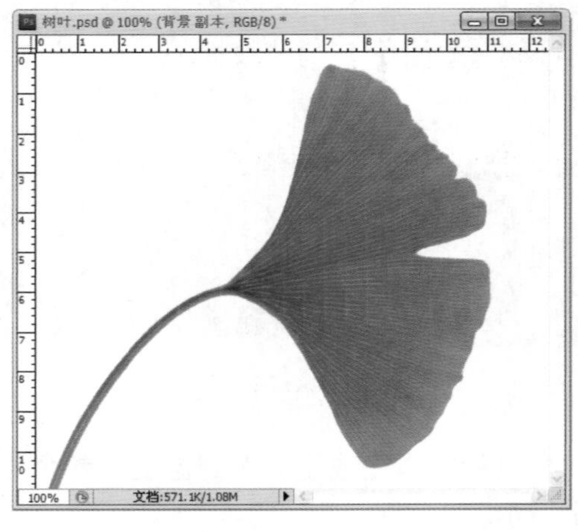

图 7-22　打开素材

STEP 2　单击工具箱中的“椭圆选框工具”，绘制一个露珠大小的选区，然后新建一图层将其复制过去，如图 7-23 所示。

图 7-23　绘制露珠大小的选区

STEP 3　单击菜单栏上的“图像”→“调整”→“亮度/对比度”命令，弹出“亮度/对比度”对话框，设置参数如图 7-24 所示。

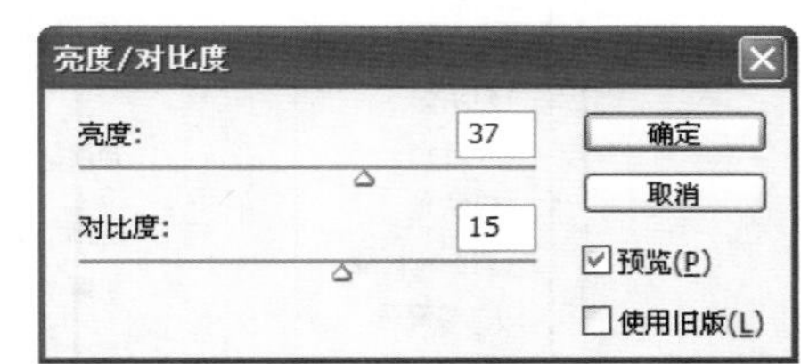

图 7-24　设置“亮度/对比度”对话框

STEP 4　设置完成后，单击“确定”按钮。然后单击工具箱中的“渐变工具”，在选项栏中将“模式”设为“正常”、“不透明度”设为“60%”、“渐变”设为“前景色到背景色渐变”、选中“反向”复选框。确认无误后，用鼠标按照图片中光源的方向对露珠的明暗变化效果进行设置。本例中用鼠标在露珠表面由上而下划一下即可，然后再按步骤 3 中介绍过的方法对其亮度和对比度再进行设置，将“亮度”设为“-10”、“对比度”设为“40”。露珠的效果初步形成，效果如图 7-25 所示。

STEP 5　接下来对露珠进行视觉效果上的调整。双击露珠所在图层，弹出“图层样式”对话框，选择左边的效果为“投影”复选框，设置“混合模式”为“正片叠底”；“颜色”为黑色；为了突出露珠的效果，可将其改为与图中绿叶相近的颜色，“不透明度”为 40%；“角度”的值根据图中光源的方向设定，本例中“角度”的值设为“-67 度”；“距离”表示阴影离实体的距离，不宜太大，可设为“5 像素”；“扩展”根据视觉效果可置为“20%”；“大小”可调到“10 像素”，具体参数设置如图 7-26 所示。

STEP 6　由于露珠在植物表面是立体的，因此最后一步还要双击露珠所在图层，弹出“图层样式”对话框，来对其进行“斜面和浮雕”设置。具体参数设置如图 7-27 所示。

图 7-25　设置水珠的渐变色

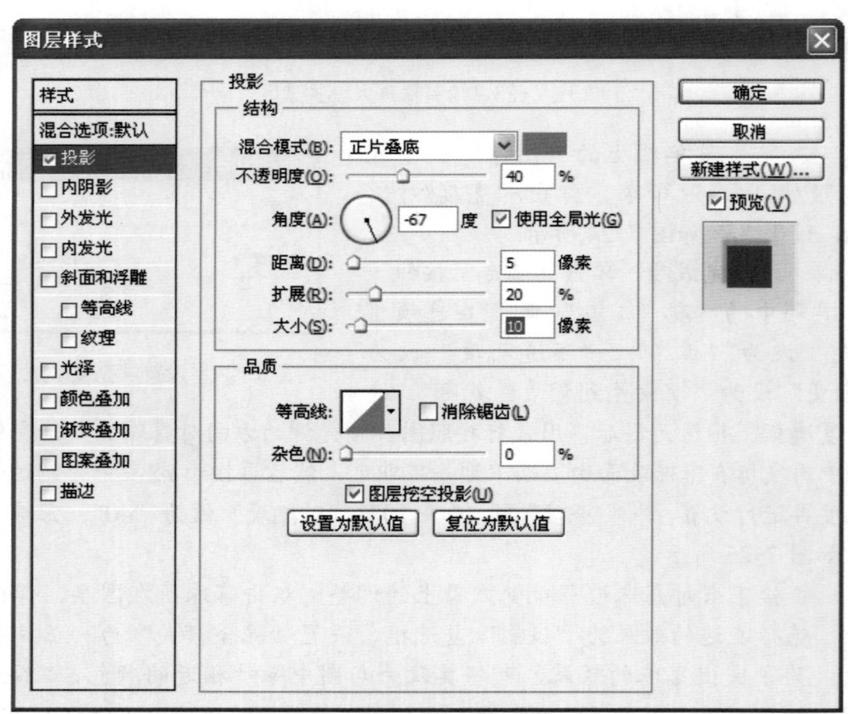

图 7-26　设置"投影"对话框

STEP 7　在"图层"面板中，设置露珠层的透明度为"80%"、"填充"也设为"80%"，增加水珠的透明感，效果如图 7-28 所示。

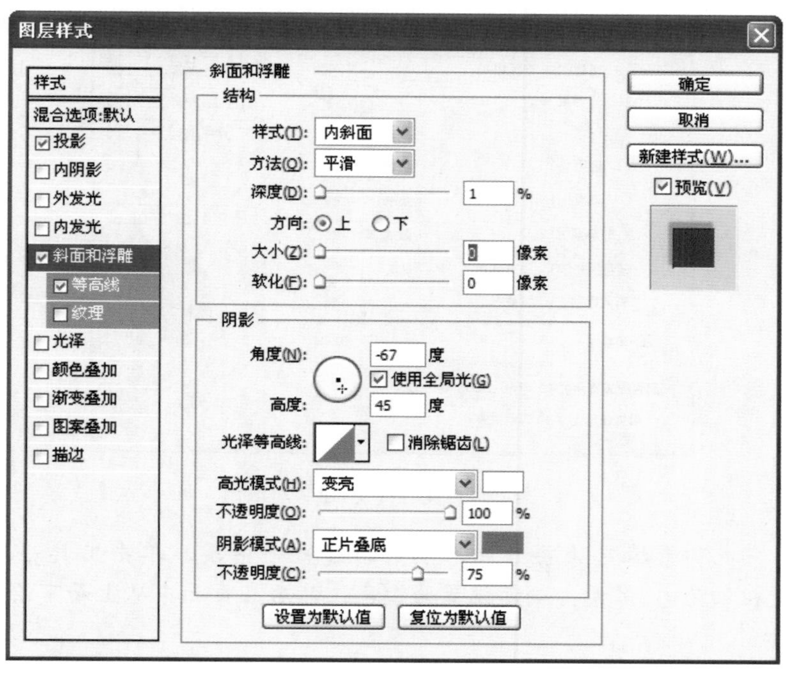

■图 7-27 设置“图层样式”对话框中“斜面和浮雕”参数

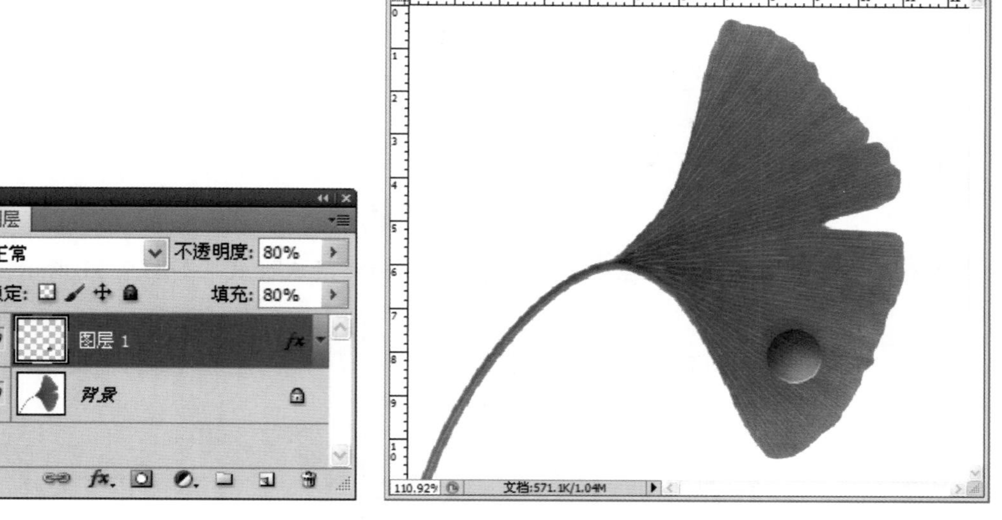

■图 7-28 完成的水珠效果

7.3.2 平视图的制作

平视图的制作是包装盒设计的一个环节，下面是包装盒平视图制作的步骤。

STEP 1 新建一个文件，设置“宽度”为“17 厘米”、“高度”为“7 厘米”、其他设置如图 7-29 所示。

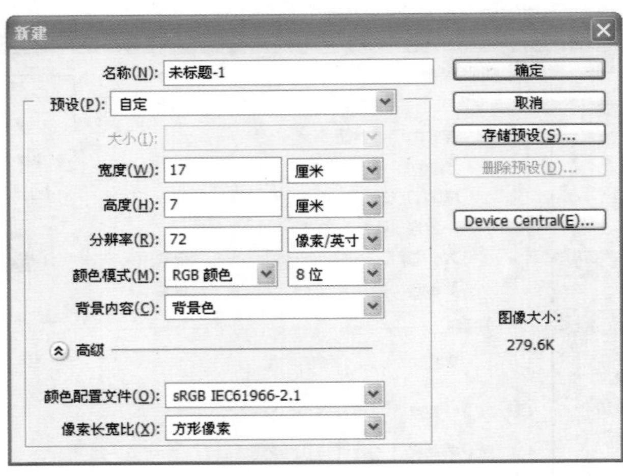

■图 7–29　设置“新建”对话框

STEP 2　把背景填充为粉红色，然后新建一个图层，单击工具箱中的“直线工具”，设置粗细为 1 像素，颜色设置为白色，然后在页面中从上而下绘制一条直线，如图 7–30 所示。

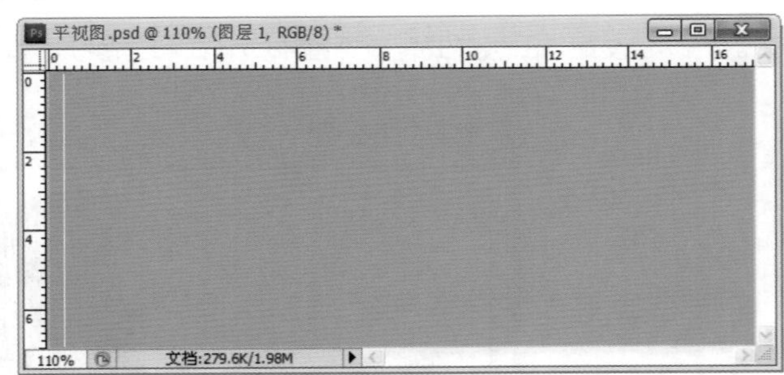

■图 7–30　绘制直线

STEP 3　复制多条直线，在页面中均匀分布，最终的底纹效果如图 7–31 所示。

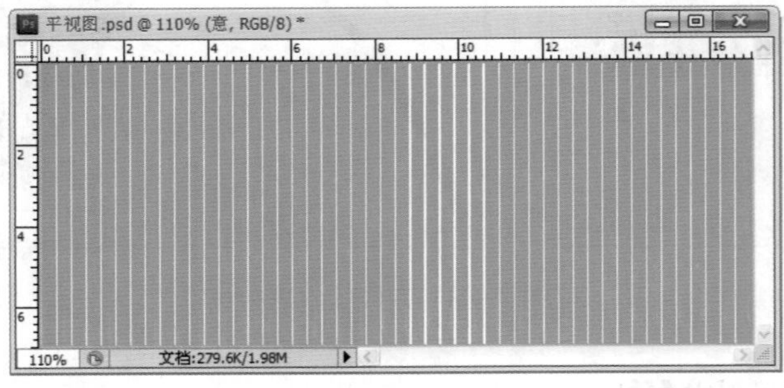

■图 7–31　复制多条直线

STEP 4　导入制作好的露珠，会发现又多了一个图层，下一步就要把叶子旁的白色背景去掉，即选择魔棒工具点选白色背景，按〈Delete〉键删除。效果如图 7–32 所示。

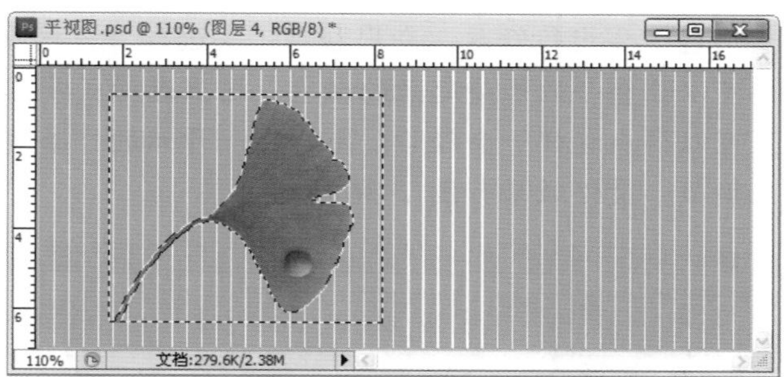

■图 7-32　删除白色背景

STEP 5　从光盘中导入第 7 章的女人头像图，其操作方法如上一步骤。选中叶子层，按〈Ctrl+T〉组合键对叶子层进行旋转，效果如图 7-33 所示。

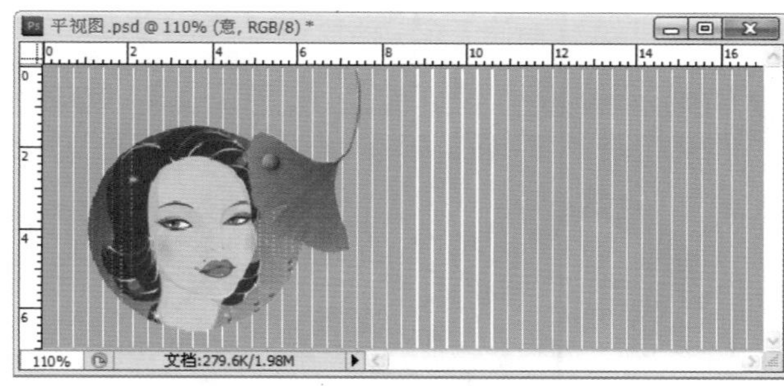

■图 7-33　完成的效果

STEP 6　单击工具箱中的“横排文字工具” T，在平视图中写上“心意”二字，使用的是“方正黑体简体”字体。调整好大小和位置。写的时候最好是两个字分别写，以方便调整大小。栅格化文字层，把“心意”的“心”字的三点用魔棒工具单击，选中，填充为白色，用同样的方法把意字的日字填充为白色。完成后的效果如图 7-34 所示。

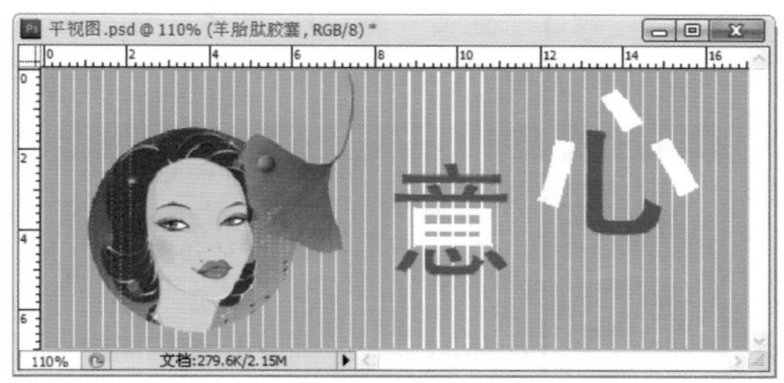

■图 7-34　制作文字特效

STEP 7　同样单击工具箱中的“横排文字工具” T，输入“羊胎肽胶囊”，宋体字，深蓝色。栅格化文字层，调整到如图 7-35 所示的位置。

STEP 8　最后我们给平面加上两行的文字飘带，把“心意”两字缩小。平视图完成后，给人的整体感觉是太素雅，如果放在众多的产品当中，它可能就被淹没了，起不到吸引人的作用。所以在背景用色上要进行修改，即用移动工具选择背景色层，按〈Ctrl+U〉组合键进行调色，选择一个可以让整个效果亮起来的颜色。这里选择了高贵典雅的紫红色。效果是显而易见的，从这里可以得出这样一个经验：不一定一开始的作品就是好的，而是要在成型后再根据实际情况来调节。最终效果如图 7-36 所示。

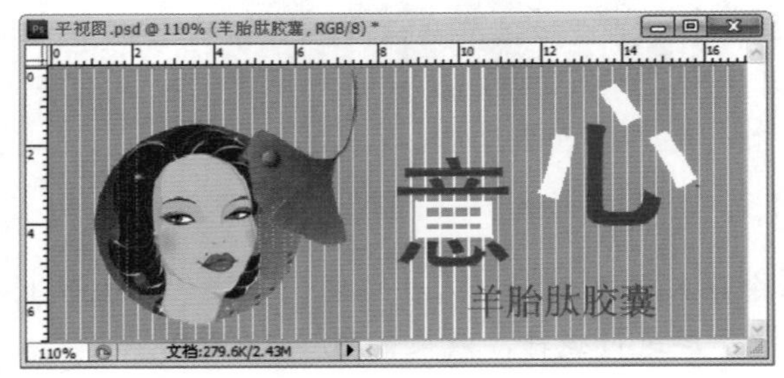

■图 7-35　添加文字

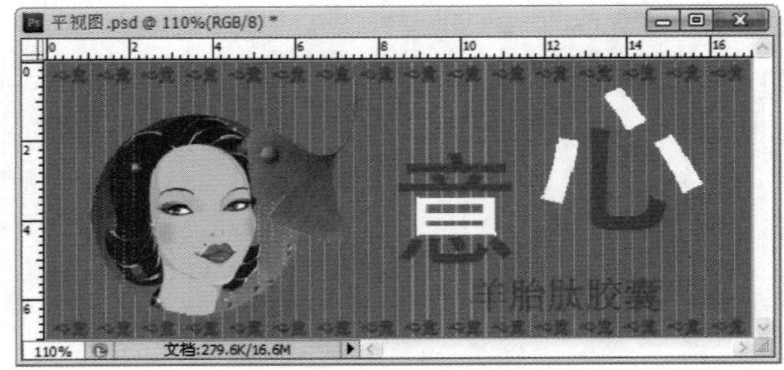

■图 7-36　平视图的最终效果

7.3.3　侧视图的制作

包装盒侧视图的制作步骤如下。

STEP 1　新建一个文件，设置“宽度”为“3.5 厘米”、“高度”为“7 厘米”、其他设置如图 7-37 所示。

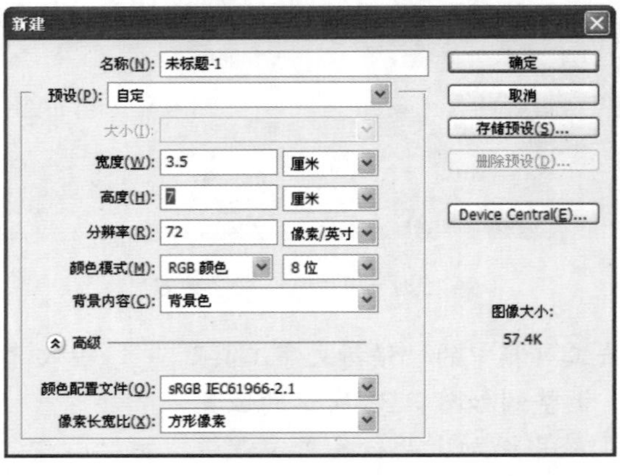

■图 7-37　设置“新建”对话框

STEP 2　设置完成后，单击“确定”按钮。由于侧面的制作方法和平视图的制作方法类似，所以这里就不再重复说明，制作好的侧面效果如图 7-38 所示。

图 7-38　侧视图的最终效果

7.3.4　俯视图的制作

包装盒俯视图的制作步骤如下。

STEP 1　新建一个文件，设置“宽度”为“17 厘米”、“高度”为“3.5 厘米”、其他设置如图 7-39 所示。

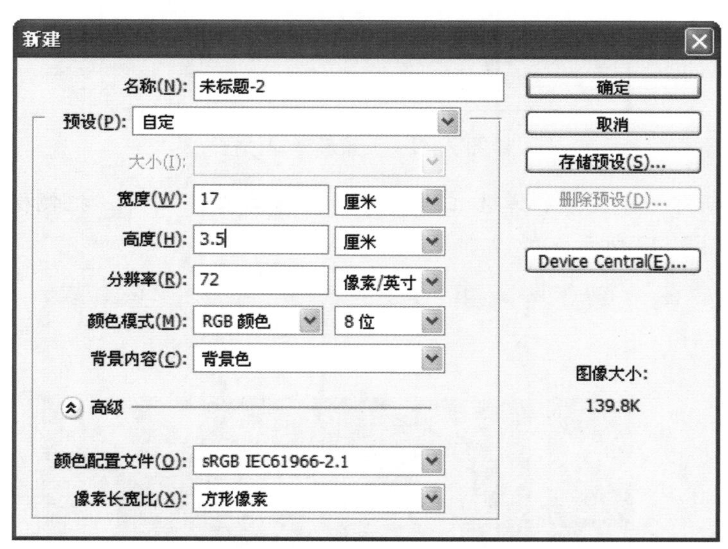

图 7-39　设置“新建”对话框

STEP 2　设置完成后，单击“确定”按钮。俯视图的效果如图 7-40 所示，也没有增加其他的特效，只是在原有的基础上进行简单的排版。

■图 7-40　俯视图的最终效果

7.3.5　三维效果的制作

上面分别阐述了基本素材、平视图、侧视图、俯视图的制作步骤，下面将对包装盒的三维效果的制作步骤进行详细的阐述。

1．两个面的透视效果

两个面的透视效果制作步骤如下。

STEP 1　新建一个文件，设置“宽度”为“29.7 厘米”、“高度”为“21 厘米”、其他设置如图 7-41 所示。

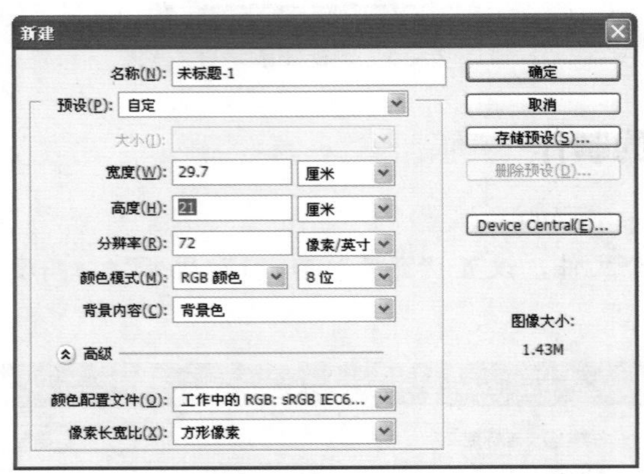

■图 7-41　设置新建对话框

STEP 2　新建一个图层，单击工具箱中的“移动工具”，把侧视图和平视图拖到场景中，效果如图 7-42 所示。

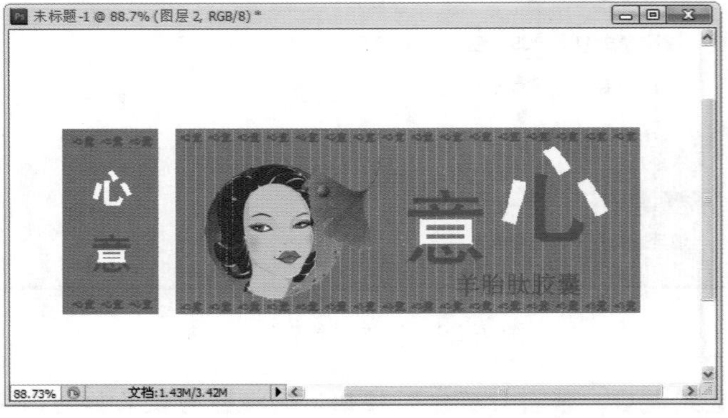

■图 7-42　导入平视图和侧视图

STEP 3　执行菜单栏上的“视图”→“显示”→“网格”命令，打开网格。对两个平面图形进行精确定位。把侧视图和平视图进行拼贴，紧密相连。效果如图 7–43 所示。

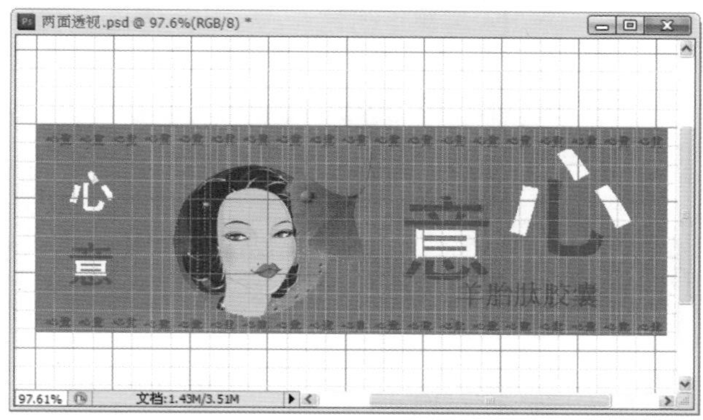

图 7–43　打开网格效果

STEP 4　接下来我们对侧视图进行立体透视变形，执行菜单栏上的“编辑”→“变换”→“透视”命令，进行变换，这里侧立面就会出现可以拉动的边框，用鼠标点选侧视图的右上角，拉动两个单位格。你会发现两边是等大小及距离变化的。按回车完成变化，其操作如图 7–44 所示。

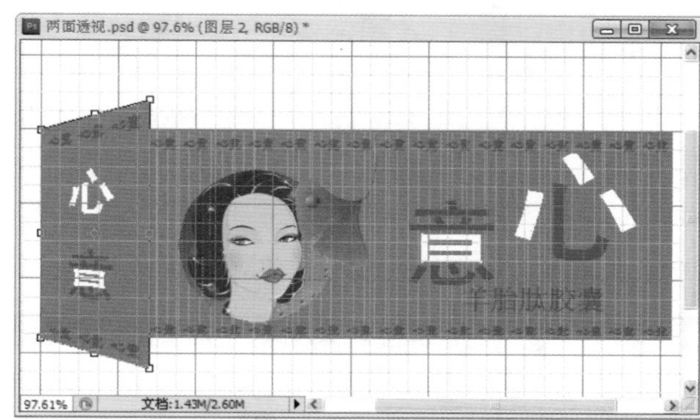

图 7–44　侧面的透视效果

STEP 5　接下来对平视图进行立体透视变形，用鼠标右键点选平视图，选中平视图层，再次执行菜单栏上的“编辑”→“变换”→“透视”命令，进行变换，这里平视图就会出现可以拉动的边框，用鼠标点选侧视图的左上角，拉动两个单位格。你会发现两边是等大小及距离变化的。按〈Enter〉键完成变化，其操作如图 7–45 所示，效果是不是出来了！

STEP 6　再次执行菜单栏上的“视图”→“显示”→“网格”命令，关闭网格，一个立体的二维效果就展示在你的面前，当然不要高兴的太早，还要给它做一些渲染。为了防止在后面的操作中变形，所以可以先把平视图层与侧视图层按〈Ctrl+E〉组合键合并成一个图层，如图所 7–46 示。

STEP 7　用鼠标双击合并后的图层，会弹出“图层样式”面板，设置“投影”选项如图 7–47 所示，“混合模式”设为“正常”黑色，“不透明度”值设为“70%”，“角度”值为“120 度”，“距离”值为“30 像素”，“扩展”值为“30%”，“大小”值为“70 像素”。其他设置如图 7-47 所示。这是一个设置方案，选不同的值会出现不同的效果，可以根据个人的设计风格来设置。

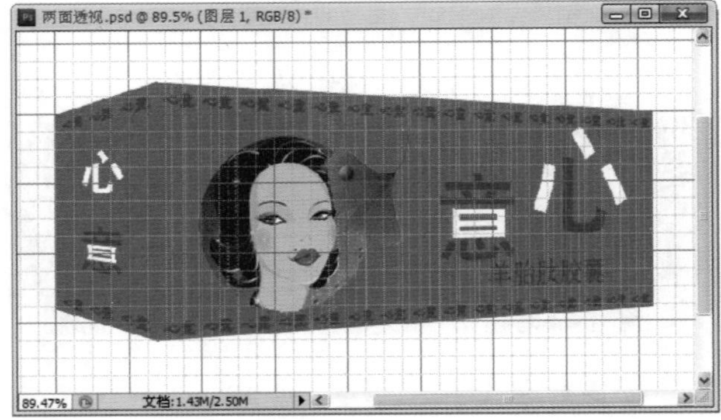

■图 7-45　平面的透视效果

■图 7-46　合并图层并关闭网格的效果

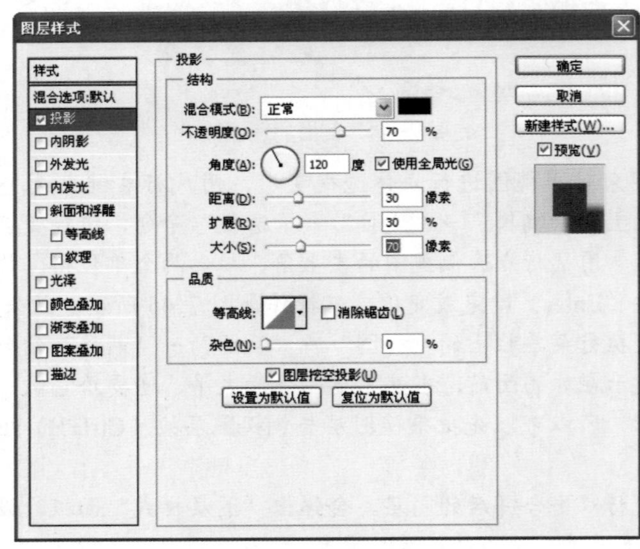

■图 7-47　设置"投影"对话框

STEP 8　为了做整体的效果，应给背景加上灰色，先选中背景层，并点选背景层弹出调色盘，设置颜色为#C3C3C4，然后按〈Ctrl+BackaSpace〉组合键进行填充，其效果图如图 7-48 所示。

STEP 9　在场景中制作几个玻璃珠来点缀效果，玻璃珠的制作方法如下。新建一个图层，在场景中的空白地方，单击工具箱中的“椭圆选框工具”，按住〈Shift〉键绘制一正圆形，填充中度灰色#D4D4D6，如图 7-49 所示。

图 7-48　改变背景颜色后的效果

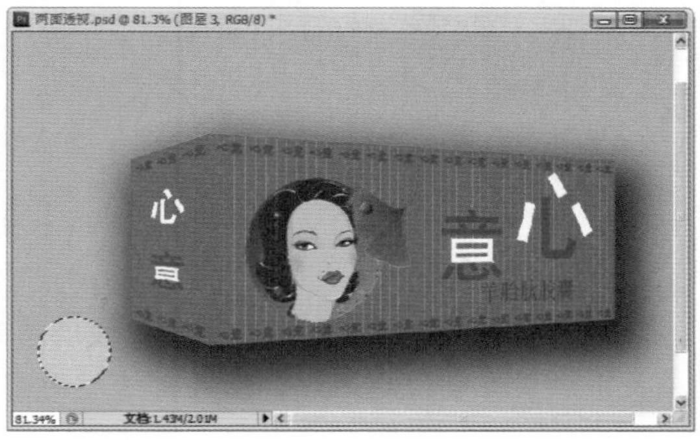

图 7-49　绘制正圆选区

STEP 10　再新建一个图层，使用画笔工具分别在圆形的左上和右下画出与背景一样的灰色和白色的两个椭圆，如图 7-50 所示。

STEP 11　执行菜单栏上的“滤镜”→“模糊”→“高斯模糊”命令，弹出“高斯模糊”对话框，参数设置如图 7-51 所示。

图 7-50　绘制椭圆

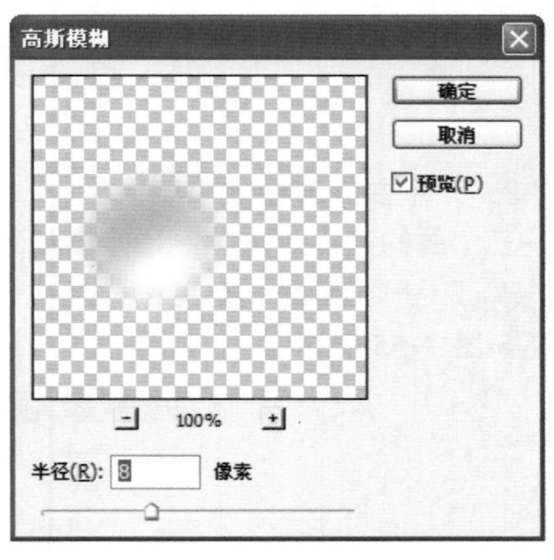

图 7-51　设置“高斯模糊”对话框

STEP 12　设置完成后，单击“确定”按钮。新建一个图层，使用画笔工具在圆的左上角用白色画一个圆点，用来增加光的效果，然后执行菜单栏上的“滤镜”→“模糊”→“高斯模糊”命令，弹出“高斯模糊”对话框，设置半径参数为 1.5 像素，完成后的效果如图 7-52 所示。

STEP 13　选择正圆图层，然后执行菜单栏上的“图像”→“调整”→“色相/饱和度”命令，弹出“色相/饱和度”对话框，随意地更改颜色。如图 7-53 所示。

■图 7-52　完成后的效果

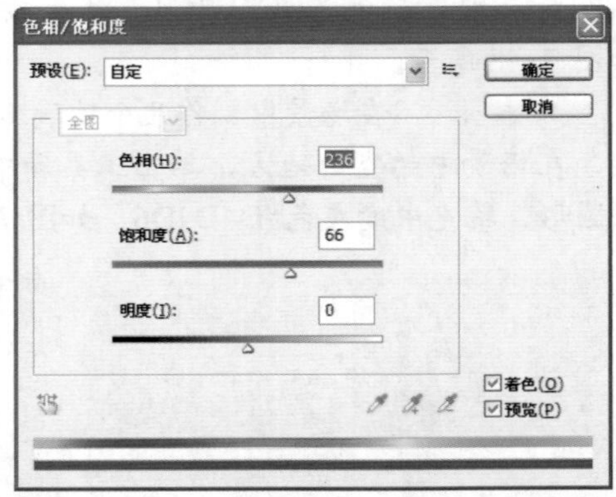

■图 7-53　设置“色相/饱和度”对话框

STEP 14　**最后，合并图层，把玻璃珠的边缘虚化，并复制几个玻璃珠，然后按远近大小关系放置在合适的地方，保存文件“两面透视”。最终的效果如图 7-54 所示。**

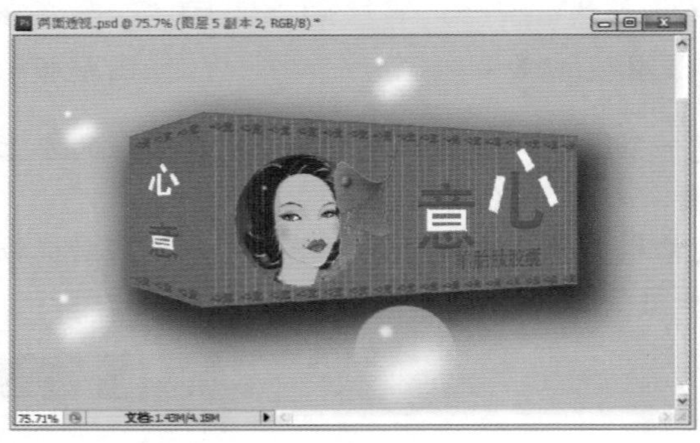

■图 7-54　两面透视的最终效果

2．三个面的透视效果

三个面的透视效果图制作步骤如下：

STEP 1　**新建一个文件，设置“宽度”为“29.7 厘米”、“高度”为“21 厘米”、其他设置如图 7-55 所示。**

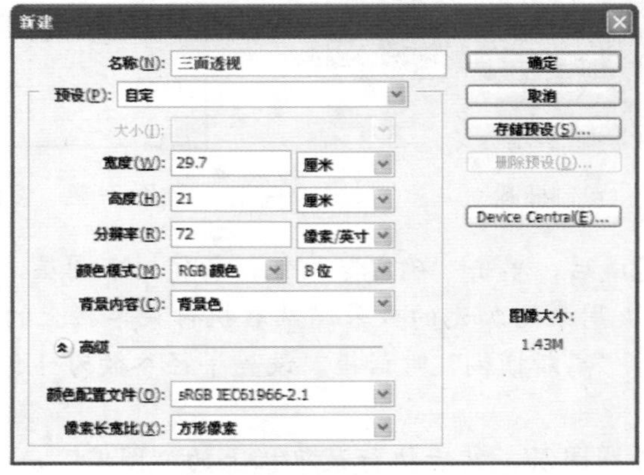

■图 7-55　设置“新建”对话框

STEP 2　新建一个图层，单击工具箱中的“移动工具”，把侧视图、平视图、俯视图拖到场景中，执行菜单栏上的“视图”→“显示”→“网格”命令，打开网格。对三个平面图型进行精确定位。把侧视图、平视图和俯视图进行拼贴，紧密相联。效果如图 7-56 所示。

STEP 3　选中侧视图，接下来对侧视图进行立体透视变形，执行菜单栏上的“编辑”→“变换”→“斜切”命令，进行变换，这里侧视图就会出现可以拉动的边框，然后用鼠标点选侧视图的左上角，向上拉动一个单位格。把左下角向上拉动两个单位网格。按〈Enter〉键完成变化，其操作如图 7-57 所示。

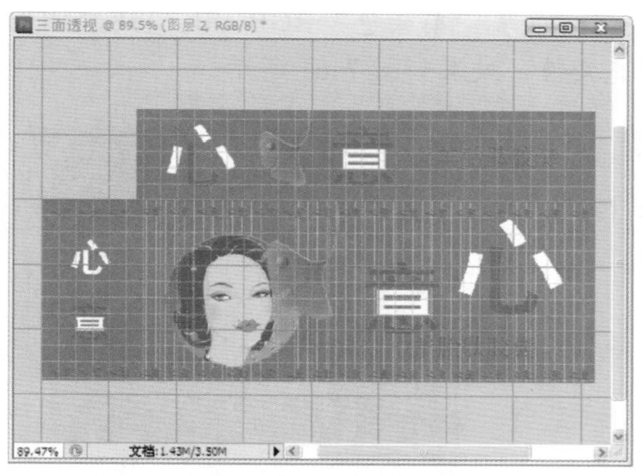

图 7-56　打开网格定位

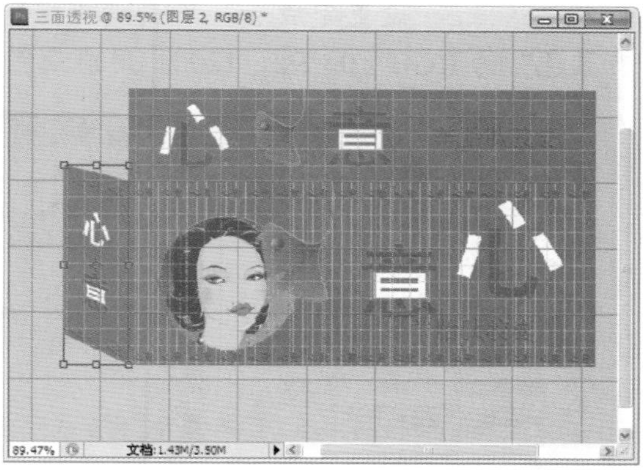

图 7-57　侧视图的斜切效果

STEP 4　选中俯视图，接下来对俯视图进行立体透视变形，执行菜单栏上的“编辑”→“变换”→“斜切”命令，进行变换，这里俯视平面就会出现可以拉动的边框，用鼠标点选俯视图的左上角，把其拉到与侧视图的左上角重合。把右上角向下移动 4 个单元网格。按〈Enter〉键完成变化，其操作效果如图 7-58 所示。

STEP 5　上图看起来还有些不对劲，透视效果不是那么好，选中平视图，按上面的操作把平视图的右下角向上移动两个单元网格，为了让整体看起来更有立体感，分别选中每个视图层并制作边框，这样一个三维效果图完成了。最后把网格设为不可视，并把三个图层合并。效果如图 7-59 所示。

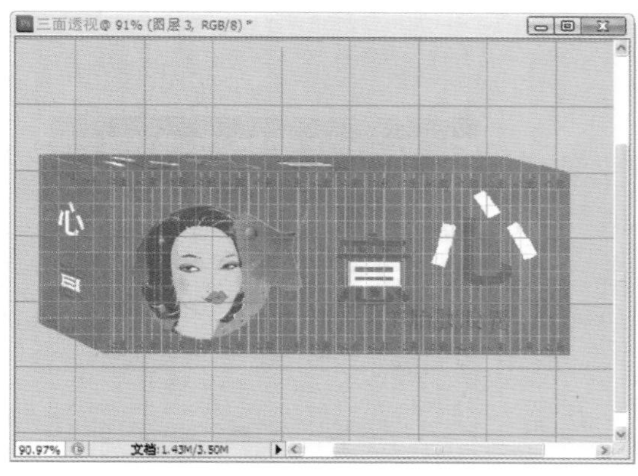

图 7-58　俯视图的斜切效果

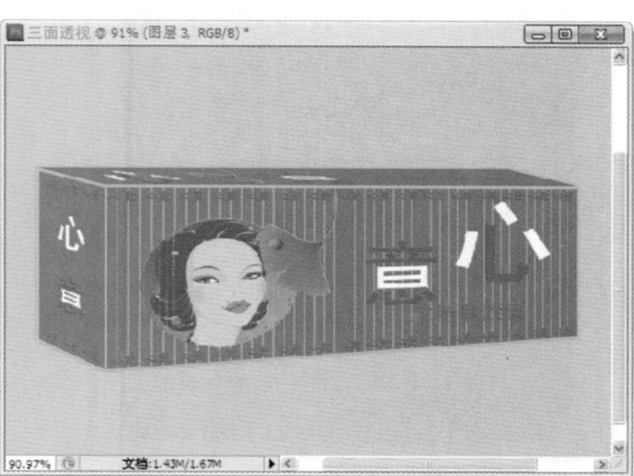

图 7-59　完成的效果

3. 大海波纹背景的制作

水是世界上最琢磨不定的物质。在创意中让作品浮在水上，最能体现“女人如水”的特性，也能突出产品的性能如水，但用 Photoshop 能够实现吗？其实，模拟水的纹理是需要一些前提的，即要做的水纹理应该是类似海水之类的水面，而且是侧视的效果。这也是因为不同视角、不同环境下的水纹理有太大的变化。下面是大海波纹背景的制作步骤。

STEP 1　新建一个文件，“宽度”设为“300 像素”、“高度”设为“300 像素”，其他设置如图 7-60 所示。

STEP 2　设置完成后，单击“确定”按钮。设置“前景色”RGB（0，138，183），“背景色”为 RGB（0，92，120）。用前景色填充文件，效果如图 7-61 所示。

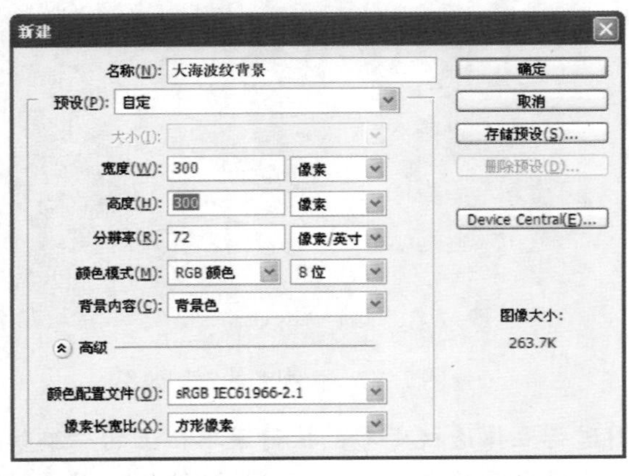

图 7-60　设置“新建”对话框

图 7-61　填充前景色

STEP 3　新建一个图层命名为“图层 1”，按快捷键〈X〉交换前、后景色，用新的前景色填充新层，效果如图 7-62 所示。

STEP 4　选择新建图层，单击“图层”面板上的“添加图层蒙板”，给新建的图层添加图层蒙板，如图 7-63 所示。

图 7-62　填充新图层的前景色

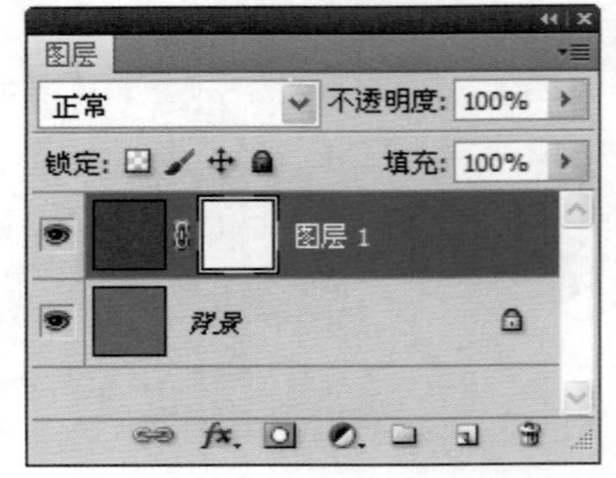

图 7-63　添加图层蒙板后的图层面板

STEP 5　选择菜单栏上的“滤镜”→“渲染”→“云彩”命令，添加云彩效果。效果如图 7-64 所示。

STEP 6　再选择菜单栏上的“滤镜”→“渲染”→“分层云彩”命令，反复使用，直到画面足够复杂，如图 7-65 所示。

图 7-64　添加云彩后的效果

图 7-65　添加分层云彩后的效果

STEP 7　选择菜单栏上的“滤镜”→“风格化”→“查找边缘”命令，执行后的效果如图 7-66 所示。

STEP 8　选择菜单栏上的“图像”→“调整”→“反相”命令，效果如图 7-67 所示。

图 7-66　添加查找边缘后的效果

图 7-67　反相后的效果

STEP 9　选择菜单栏上的“图像”→“调整”→“色阶”命令，弹出“色阶”对话框，设置参数如图 7-68 所示。

STEP 10　选择菜单栏上的“编辑”→“变换”→“旋转 90 度（顺时针）”命令，然后再执行菜单栏上的“滤镜”→“扭曲”→“极坐标”命令，弹出“极坐标”对话框，设置参数如图 7-69 所示。

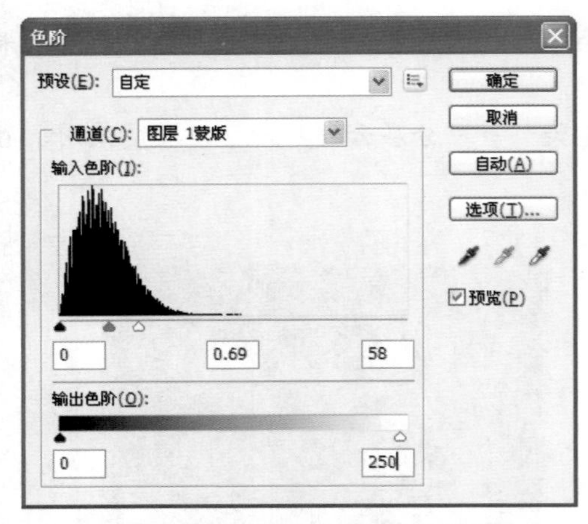

■图 7–68　设置“色阶”对话框

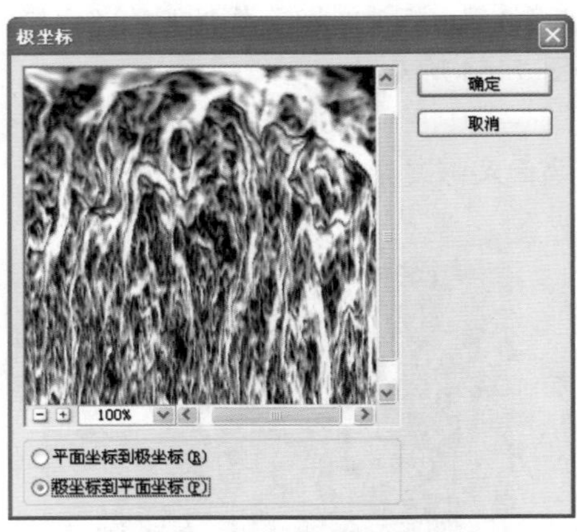

■图 7–69　设置“极坐标”对话框

STEP 11　设置完成后，单击“确定”按钮。然后执行菜单栏上的“编辑”→“变换”→“旋转 90 度（逆时针）”命令。这样可以给图像纹理增加许多线性特征。得到的效果如图 7–70 所示。

STEP 12　现在的图像左段会产生一些不希望看到的旋转纹理，用“矩形选框工具”，选择理想的右段画面，按〈Ctrl+T〉组合键进入自由变形，增加该区域的宽度，让理想画面充满整个图像。效果如图 7–71 所示。

■图 7–70　设置后的效果

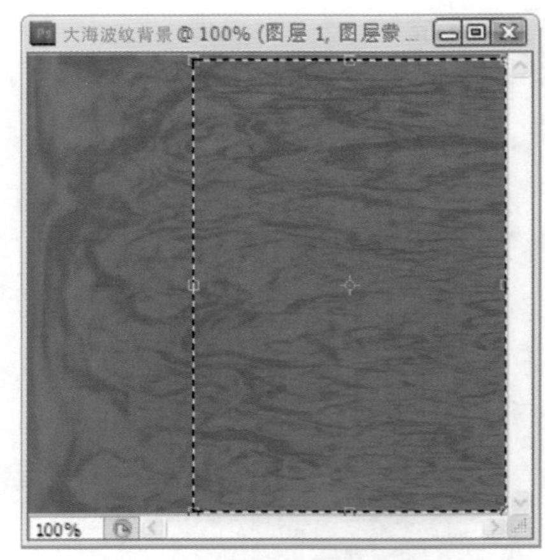

■图 7–71　自由变换区域

STEP 13　按住〈Ctrl〉键单击“图层 1”的图层遮罩，调用该遮罩的选区，选择菜单栏上的“图层”→“新建调整图层”→“色阶”命令，弹出“新建图层”对话框，参数设置保持默认，如图 7–72 所示。

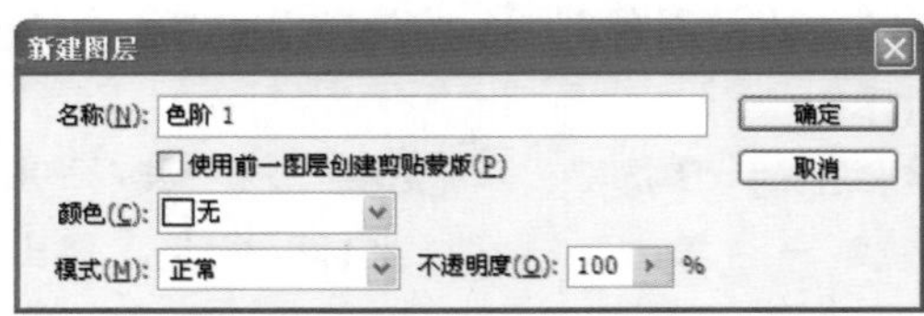

■图 7–72　设置“新建图层”对话框

STEP 14　设置完成后，单击“确定”，弹出“调整”面板，参数设置如图 7-73 所示。

STEP 15　新建图层 2，将前景色设为 RGB（30，85，31）。用前景色填充画面的效果如图 7-74 所示。

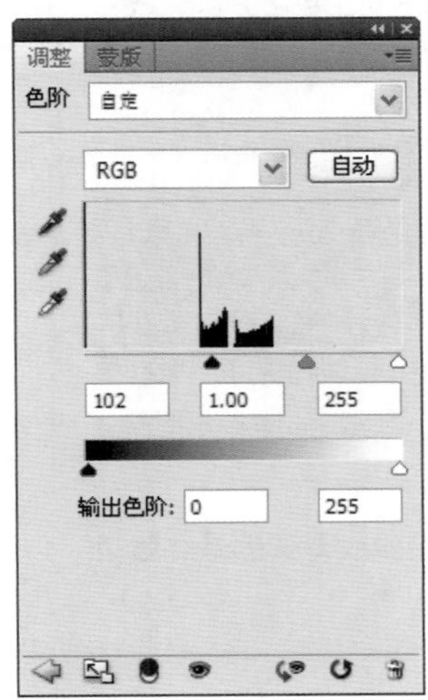

图 7-73　设置“调整”面板

图 7-74　填充前景色

STEP 16　重复步骤 4～12。完成后的效果如图 7-75 所示。

STEP 17　按住〈Ctrl〉键单击图层 2 的图层遮罩，调用该遮罩的选区，选择菜单栏上的“图层”→“新建调整图层”→“色阶”命令，弹出“新建图层”对话框，参数设置保持默认，如图 7-76 所示。

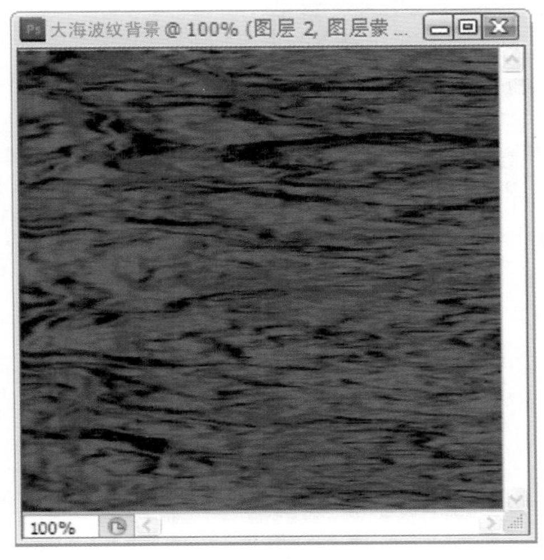

图 7-75　图层 2 完成后的效果

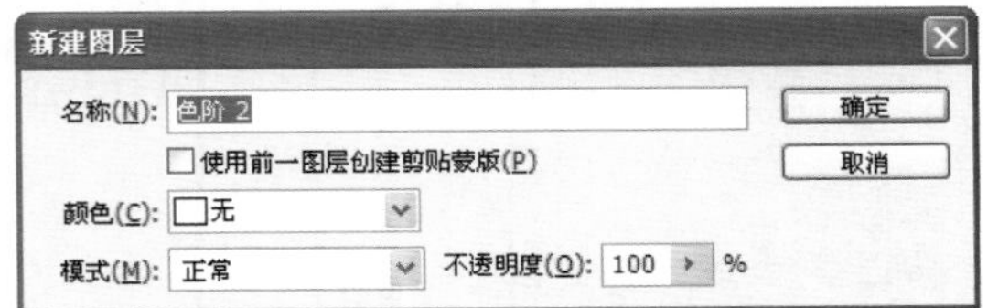

图 7-76　设置“新建图层”对话框

STEP 18　设置完成后，单击“确定”，弹出“调整”面板，参数设置如图 7-77 所示。到此大海波纹背景就制作完成了，最终的效果如图 7-78 所示。

第 7 章　产品包装设计

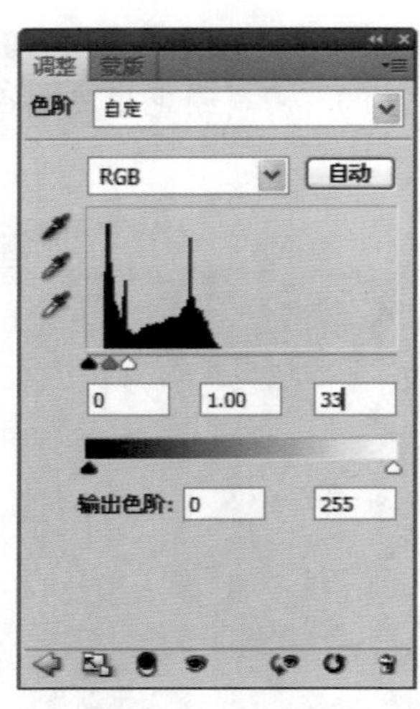

■图 7–77　设置“调整”面板

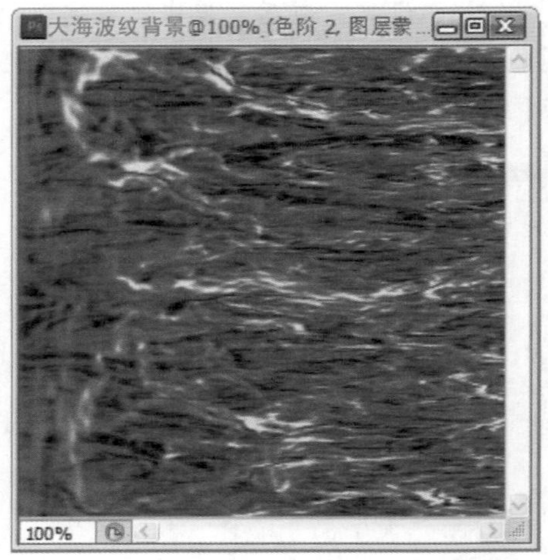

■图 7–78　大海波纹背景的最终效果

4．合成广告效果

合成广告效果的制作步骤如下。

STEP 1　打开前面制作的背景效果图，做为背景重命名为“合成”。把制作好的三面透视图拉到文件中，用鼠标双击三面透视图层，会弹出“图样样式”面板，设置“投影”选项参数如图 7–79 所示。

STEP 2　设置完成后，单击“确定”按钮，然后把前面制作好的彩球拉到页面中编排。完成后的效果如图 7–80 所示。

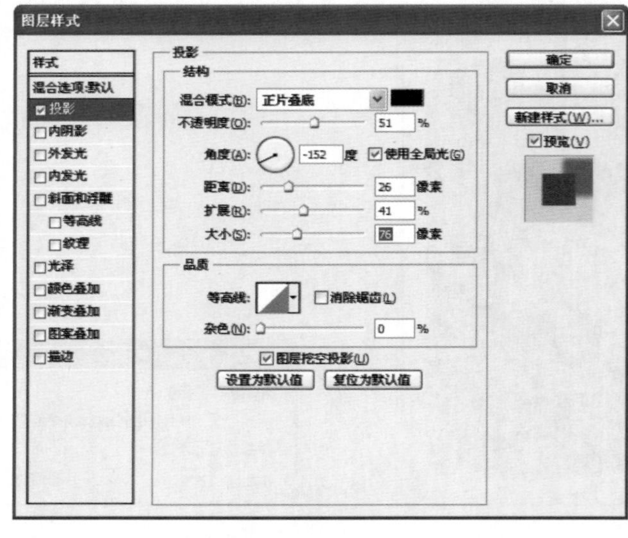

■图 7–79　设置“图层样式”对话框

STEP 3　这里的广告看起来没有什么生气，在背景上加上海中阳光的闪烁倒影与彩球相应成辉，选择背景层，执行菜单栏上的“滤镜”→“渲染”→“镜头光晕”命令，弹出“镜头光晕”对话框，让背景产生光晕效果。为了让整体效果更加亮点，选中背景层，按

〈Ctrl+U〉组合键进行颜色调节，得到如图 7-81 所示的效果。这时，这则广告就更有生气了。

■图 7-80　编排后的效果

■图 7-81　合成后的最终效果

第8章 网页美工设计

网站是企业向用户和网民提供信息(包括产品和服务)的一种方式，是 Internet 上宣传和反映企业形象和文化的重要窗口，是企业开展电子商务的基础设施和信息平台。要实现网站展现企业形象、介绍产品和服务、体现企业发展战略的重要途径，就要有一个根据消费者的需求、市场的状况、企业自身的情况等设计而成的网页。网页设计作为一种视觉语言，特别讲究编排和布局，虽然网页的设计不等同于平面设计，但它们有许多相近之处。本章将对网站设计的要点、网页设计的流程等方面做一些专门而详尽的描述。

8.1 网页美工设计创意指导

在制作一个网页设计之前，应先了解一下网站设计的风格及特点，这对于下面的设计是很有利的。网站设计包含的内容非常多，大体分两个方面：一方面是纯网站本身的网页设计，比如文字排版、图片制作、平面设计、三维立体设计、静态无声图文、动态有声影像等；另一方面是网站的延伸设计，包括网站的主题定位和浏览群的定位、智能交互、制作策划、形象包装、宣传营销等等。在这一章节里，一定要多记，因为这几个专题里，将寻找到自己网页设计的灵感及策略。

8.1.1 定位网页主题

在做网页之前，首先应该搞清楚的是要制作什么内容，选择什么样的主页题材。也就是说给自己的网页来个定位。网络上的主页题材千奇百怪、琳琅满目。只要自己想的到，就可以把它制作出来。以下列出一些常见的题材，希望对网页制作有些启发。

古典音乐、免费软件、红楼梦、古今佳句名言、科幻小说、金庸客栈、美容美发、游戏排行榜、国画画廊、象棋世家、能吃是福、GIF 动画库、陶艺园地、漫画天地、中国足球、摄影俱乐部、幽默轻松、体育博览、中国古典诗词、流行情报、电子贺卡、旅游天地、Windows 技巧、电影世界、软件宝库、国旗大展、网页研习室、影视偶像、天文星空、爱情占星、电脑杂志、Midi 金曲、少年园地、宠物猫、武器博物馆、游戏天堂、儿歌专集、热带鱼、硬件开讲、健康资讯、女性主义、媒体大师、集邮、天天花店、影像合成、骇客资讯、免费大全、Java 小屋、病毒字典、网上教室、超频天堂、股市信息、超级图书馆等等。

下面给您几点建议。

1）题材最好是自己擅长或者喜爱的内容。比如，如果对文学感兴趣，则可以放置自己或其他人的文学作品；如果对足球感兴趣，则可以报道最新的球场战况等等。这样，在制作时才不会觉得无聊或者力不从心的情况。

2）一般来说，网页的选材要小而精。如果想制作一个包罗万象的网页，把所有自己认为精彩的东西都放在上面，那么往往会事与愿违的，给人的感觉是没有主题，没有特色，样样都有，却样样都很肤浅。而且对这样的网页，不可能有那么多的精力去维护。注意：网页的最大特点就是更新快。目前最受欢迎的网页都是天天更新甚至几小时更新一次。

3）不要太滥或者目标太高。“太滥”是指到处可见，人人都有的题材；“目标太高”是指在这一题材上已经有非常优秀，知名度很高的站点，要超过它是很困难的。

8.1.2 确定网页名称

确定主题后，然后就要给网页取一个名字。就像人刚出生的时候，父母会为孩子的名字动一番心思，尽量让名字好听、好记、有意义、还要有新意。同样，网页的名称会关系到别人是否很容易接受自己的网页。所以要注意如下几点。

1）网页名称应该准确、明了地表达网页的内容。

2）网页名称应该体现个性，不能落入俗套。只有这样，才能让别人深刻地记住自己的主页。

3）易记。主页名称不要太拗口、生僻。

8.1.3 定位网页 CI 形象

一个好的网页和实体公司一样，也需要整体的形象包装和设计。准确地说，有创意的 CI 设计，对网站的宣传推广有事半功倍的效果。所谓 CI，意思是通过视觉来统一主页的形象。在您的网站主题和名称定下来之后，需要思考的就是网站的 CI 形象。其实，现实生活中的 CI 策划比比皆是，例如，可口可乐公司具有全球统一的标志、色彩和产品包装，给人们的印象极为深刻。接下来，对网页 CI 形象的几个重要方面进行介绍。

1．设计网站 Logo

Logo 是网页的标志，就如同公司的商标一样，Logo 是站点特色和内涵的集中体现，看见 Logo 就让大家联想起某站点。现在，网页相当多，要想让别人知道自己网页，跟别的网页做 Logo 链接交换是有必要的。也就是说在别人的网页上放一个自己的 Logo，用来链接到自己的网页。如果自己的 Logo 很能引人注目的话，就会有很多网友来访问。注意：这里的 Logo 一般为 88×31 像素大小的小图标。

Logo 可以是中文，英文字母；可以是符号，图案；可以是动物或者人物等等。比如，新浪用字母 sina 和眼睛作为标志。也说明：标志的设计创意来自网页的名称和内容。

■图 8-1　新浪网的 Logo

1）与网站相关的、有代表性的人物、动物、花草，可以用做设计的蓝本，并加以卡通化和艺术化，例如迪斯尼的唐老鸭，搜狐的卡通狐狸。

■图 8-2　迪斯尼

■图 8-3　搜狐

2）对于专业性的网站，可以使用本专业有代表性的物品作为标志。比如中国银行的铜板标志，奔驰汽车的方向盘标志。

■图 8-4　中国银行标志

■图 8-5　奔驰的标志

3）最常用和最简单的方式是用自己网站的英文名称作标志。采用不同的字体、字母的变形，字母的组合，可以很容易制作好自己的标志。

2．设计网页的标准色彩

主页给人的第一印象来自视觉冲击，确定网站的标准色彩是相当重要的一步。不同的色彩搭配产生不同的效果，并可能影响到访问者的情绪。网页的选择和确定，是根据自己主页所选择的题材和自己的个人性格特点决定的。

标准色彩是指能体现网站形象和延伸内涵的色彩。例如，IBM 的深蓝色，肯德基的红色条形，Windows 视窗标志上的红、蓝、黄、绿色块，都使人们觉得很贴切、很和谐。如果将 IBM 改用绿色或金黄色，人们会有什么感觉？

图 8-6　肯德基

一般来说，一个网站的标准色彩不超过 3 种，太多则让人眼花缭乱。标准色彩要用于网站的标志、标题、主菜单和主色块。给人以整体统一的感觉。至于其他色彩也可以使用，只是作为点缀和衬托，绝不能喧宾夺主。一般来说，适合于网页标准色的颜色有蓝色、黄/橙色、黑/灰/白色三大系列色。

图 8-7　Windows 的 Logo

3．设计网站的标准字体

和标准色彩一样，标准字体是指用于标志、标题、主菜单的特有字体。一般网页默认的字体是宋体。为了体现站点的“与众不同”和特有风格，可以根据需要选择一些特别字体。例如，为了体现专业可以使用粗仿宋体，体现设计精美可以用广告体，体现亲切随意可以用手写体等等。当然这些都是个人看法，可以根据自己网站所表达的内涵，选择更贴切的字体。目前常见的中文字体有二三十种，常见的英文字体有近百种，网络上还有许多专用英文艺术字体下载，要寻找一款满意的字体并不算困难。需要说明的是，使用非默认字体只能用图片的形式，因为很可能浏览者的 PC 里没有安装所需的特别字体，那么辛苦的设计制作便会付之东流，甚至在他的浏览器中那些有创意的字体会变成乱码。

8.1.4　设计网站的宣传标语

宣传标语也可以说是网站的精神，网站的目标。用一句话甚至一个词来高度概括，类似实际生活中的广告语，例如，雀巢公司的“味道好极了”；麦斯威尔公司的“好东西和好朋友一起分享”；Intel 公司的“给您一个奔腾的心”等。网站方面，全球赫赫有名的 Yahoo 就用了一句“今天，您 Yahoo 了吗？”。因此，网站宣传标语的选定可以充分发挥想象力。

8.1.5　确定栏目和版块层次结构

选定了一个好的题材，是不是可以立刻动手制作了？不。经验说明，必须先规划框架，这是很重要的一步！

每个网站都是一项庞大的工程。好比造高楼，如果没有设计图纸、规划好结构，就盲目地建造，则结果往往是倒塌；也好比写文章，只有构思好提纲，才不至于逻辑混乱，虎头蛇尾。

全面仔细规划架构好自己网站，不要急于求成。

规划一个网站，可以用树状结构先把每个页面的内容大纲列出来，尤其当您要制作一个很大的网站（有很多页面）的时候，特别需要把这个架构规划好，也要考虑到以后可能的扩充性，免得做好以后又要反复修改整个网站的架构，十分累人，也十分费钱。

大纲列出来后，还必须考虑每个页面之间的链接关系，包括星形、树形，或者是网形链接。这也是判别一个网站优劣的重要标志。链接混乱、层次不清的站点会造成浏览困难，影响内容的发挥。

■图 8-8 雅虎首页

为了提高浏览效率，方便资料的寻找，一般的网页框架基本采用“蒲公英”式，即所有的主要链接都在首页上，每个主链接再分别展开，主链接之间相互链接。

框架定下来了，然后开始一步一步有条理、有次序地做来，就胸有成竹得多，也为您的主页将来发展打下良好的基础。

举个例子来说，如图 8-9 所示。

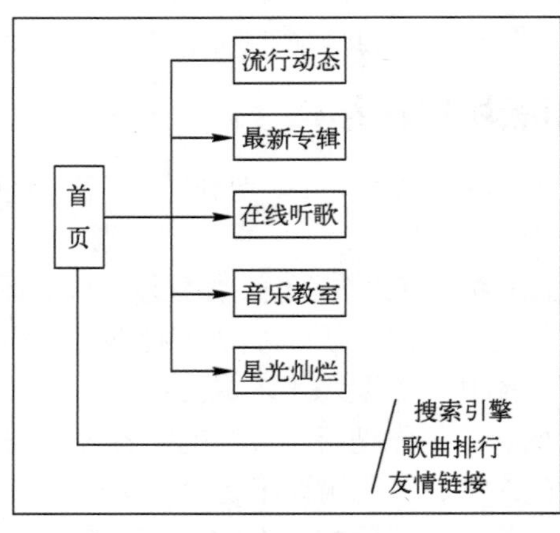

■图 8-9 确定的栏目版块

其中，流行动态、最新专辑、在线听歌、音乐教室、星光灿烂为大版块，搜索引擎、歌曲排行、友情链接只是在首页上做就好了。

8.1.6 资料收集

下一步，可以动手收集一些具体内容了。这里，将讲一些收集资料的方法和窍门。

在确定好网站的框架和栏目后，接下来就往主页相关栏目里面填充文字和图片，称为资料收集。就网页而言，很少有人能完全靠自己来创作所有的内容。一些高手能够提供自己编的软件、文章或者音乐，是令人佩服的！大部分人的方法是从报纸、杂志、光盘等媒体中收集整理相关的资料，再加上一定的编辑后就可以了。

另外一个好的方法是从网络上收集，即只要到百度、雅虎、搜狐等搜索引擎上查找相应的关键字，就可以找到一大堆的资料。

如果是英语高手，还可以到国外站点上把最新的信息、资料翻译成中文，提供给大家，这叫“洋为中用”。网络上的资料呈爆炸性的增长，只要注意收集某一非常细小的题材，随时供大家方便的查找，主页就已经有做不完的活了。

但是，有一点必须注意！在复制或引用他人的资料文章时，要尊重知识产权。有特别声明、禁止复制的请不要在自己网页中使用。允许复制的也应该在引用时注明作者、出处。一般来说，网页是非商业站点，只要您发封 E-mail 给作者，都可以协商取得授权。

还有就是收集的资料必须合法。按照我国《计算机信息网络国际联网安全保护管理办法》的规定：

任何单位和个人不得利用国际互联网制作、复制、查阅和传播下列信息：

（一）煽动抗拒、破坏宪法和法律、行政法规实施的；

（二）煽动颠覆国家政权，推翻社会主义制度的；

（三）煽动分裂国家、破坏国家统一的；

（四）煽动民族仇恨、民族歧视，破坏民族团结的；

（五）捏造或者歪曲事实，散布谣言，扰乱社会秩序的；

（六）宣扬封建迷信、淫秽、色情、赌博、暴力、凶杀、恐怖，教唆犯罪的；

（七）公然侮辱他人或者捏造事实诽谤他人的；

（八）损害国家机关信誉的；

（九）其他违反宪法和法律、行政法规的。

到这里，已经完成了制作主页的准备工作。

8.2 首页设计技巧

在全面考虑好网站的栏目、链接结构和整体风格之后，就可以正式动手制作首页了。有这么一句俗语：“良好的开端是成功的一半。”在网站设计上也是如此，首页的设计是一个网站成功与否的关键。人们往往看到第一页就已经对站点有一个整体的感觉。是不是能够促使浏览者继续点击进入，是否能够吸引浏览者留在站点上，全凭首页设计的“功力”了。所以，首页的设计和制作是绝对要重视和花心思的，这是重点也是难点。

8.2.1 功能模块一个都不能少

首页的内容模块是指您需要在首页上实现的主要内容和功能。一般的站点都需要这样一些模块：

- 网站名称
- 广告条
- 主菜单
- 新闻
- 搜索
- 友情链接
- 邮件列表
- 计数器
- 版权

选择哪些模块，实现哪些功能，是否需要添加其他模块都是首页设计首先需要确定的。如图 8-10 所示。

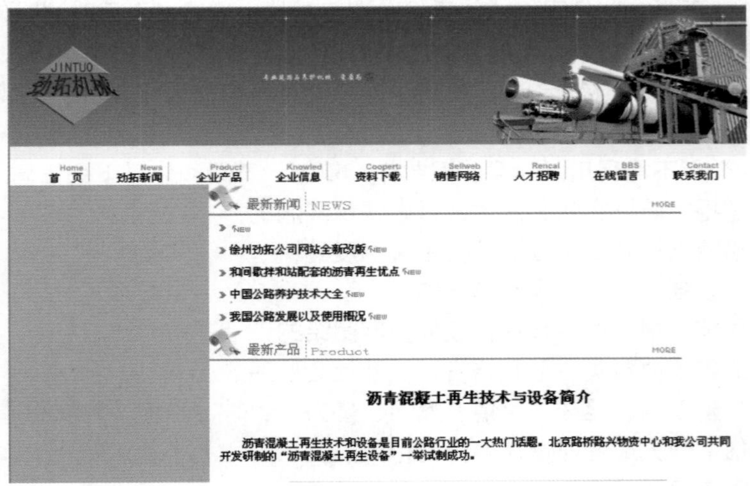

图 8-10 网站范例

8.2.2 设计首页的版面

在功能模块确定后，开始设计首页的版面。就象搭积木，每个模块是一个单位积木，如何拼搭出一座漂亮的房子，就看您的创意和想象力了。

设计版面的最好方法是：找一张白纸，一支笔，先将您理想中的草图勾勒出来，然后再用网页制作软件实现。

8.2.3 广告创作技巧

广告（Banner）的文字不能太多，一般都要能用一句话来表达，配合的图形也无须太繁杂，文字尽量使用黑体等粗壮的字体，否则在视觉上很容易被网页其他内容淹没，也极容易在 72dpi 的屏幕分辨率下产生“花字”。图形尽量选择颜色数少，能够说明问题的事物。如果选择颜色很复杂的物体，要考虑一下在低颜色数情况下，是否会有明显的色斑。

尽量不要使用晕边等复杂的特技图形效果，这样做会大大增加图形所占据的颜色数，除非存储为 JPG 静态图形，否则颜色最好不要超过 32 色。

Banner 的外围边框最好是深色的，因为很多站点不为 Banner 对象加上轮廓，这样，如果 Banner 内容都集中在中央，四周会过于空白而融于页面底色，就会降低 Banner 的注目率。

以上内容基本上把要制作一个网页的基本功都讲到了。如果真想做一个好的网页的话，除了注意前面所提到的基本功夫之外，还可以经常上网多看，多了解一下别人的个人网站是怎么做的。多看多学习，取长补短，以便制作出一流的网页。

8.3 设计实例：企业网页设计

本节以一个网站的首页设计为例，简单介绍一下网站首页设计的流程。操作步骤中要特别注意一些标准：如页面的大小及像素，必须严格按照要求来设计，否则在发布网页时图片不显示或者是网页过大的错误。

本实例中的首页包括 Logo、小导航、广告（Banner）、大导航、框架模块及版权几个部分，最终完成的效果如图 8-11 所示。

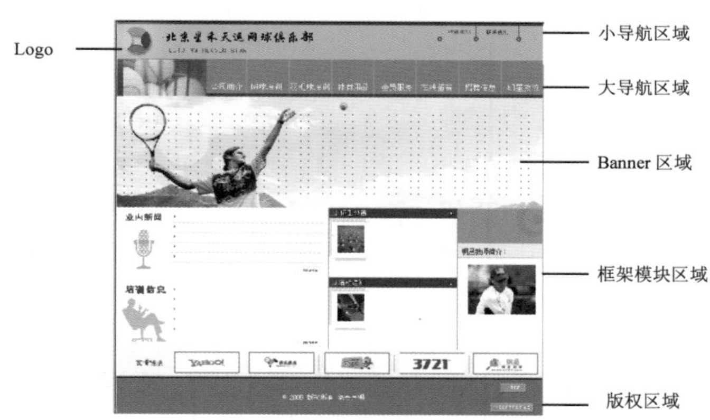

图 8-11 将要制作的界面

8.3.1 首页版式的设计分析

设计首页版面的第一步是设计版面的布局，类似于传统的报刊杂志编辑一样，网页也需要排版布局。布局简单的说就是一个设计的概念，是指在一个限定的范围内合理地安排、布置图像和文字的位置，把文章、信息按照一定的顺序陈列出来，同时对页面进行装饰和美化。随着动态网页技术的发展，网站建设日益趋向于用 Flash 等软件进行网站的建设，当然网页版面的静态设计仍是必须学习和掌握的。因为它们的基本原理是共通的，所以领会要点，便可举一反三，触类旁通。

1．版面草图的创意

前面已经提过一个网站的首页，主要由导航、Banner、框架模块、版权及企业 Logo 等内容组成。传统的首页格式的设计并没有固定的规则与模式，主要是由设计师和用户来共同决定的。值得一提的是上面提到的功能模块一个都不能少。如图 8-13 所示。

注意　网页的版面指的是浏览者从浏览器上看到的完整页面（可以包含框架和层）。由于每个人设置的显示器分辨率有所不同，所以同一个页面可能出现 640×480 像素、800×600 像素、1024×768 像素等不同屏幕尺寸。

版面草案的形成决定着网页的基本面貌，相当于网站的初步设计创意。通常来自一些现有设计作品、图形图像素材的组合、改造及加工。

2．网站版面的粗略布局

在版面草案的基础上，将列举的功能模块安排到页面上的适当位置。框架模块主要包含主菜单、栏目条、广告位、邮件列表、计数器等。注意：这里必须遵循突出重点、平衡谐调的原则，将网站标志、主菜单、商品目录等比较重要的模块放在最显眼、最突出的位置，然后再考虑次要模块的排放。

3．网站版面的最后定案

通俗地讲，就是将粗略布局精细化、具体化。在布局过程中，需要遵循的原则有如下几条：

1）平衡：就是指版面的图像文字在视觉分量上左右、上下几个方位基本相等，分布匀称，能达到安定、平静的效果。

2）呼应：在不平衡布局中的补救措施，使一种元素同时出现在不同的地方，形成相互的联系。

3）对比：就是利用不同的色彩、线条等视觉元素相互并置对比，造成画面的多种变化，从而达到丰富视觉的效果。

4）疏密：疏密关系本是绘画的概念。疏，是指画面中形式元素稀少（甚至空白）的部分；密，是指画面中形式元素繁多的部分，在网页设计中就是空白的处理运用。太满、太密、太平均是任何版式设计的大忌，适当的疏密搭配可以使画面产生节奏感，体现出网站的格调与品位。

在制作网站中，能适当地把以上的设计原则运用到页面布局里，就会产生不一样的效果。例如，若网页的白色背景太虚，则可以适当地加些色块；若网站的版面零散，则可以把线条和符号串联起来；若版面左面文字过多，则右面则可以插一张图片来保持平衡。经过不断地尝试和推敲，一个设计方案就会渐渐完善起来。

8.3.2　网站首页的大小设计

制作网站的网页大小是有一定的规定的，因为浏览者浏览网页的显示器大小是受限的，所以设计的网页大小要匹配显示器的大小，否则在浏览网页时就看不到完整的效果。首页的大小设计具体步骤如下：

STEP 1　运行 Photoshop CS5，选择菜单栏上的“文件”→“新建”命令，打开“新建”对话框，在对话框中的“名称”文本框中输入文件名“index”，在“宽度”文本框输入

"780"，单位为"像素"；在"高度"文本框输入"500"，单位为"像素"；在"分辨率"文本框输入"72"，单位为"像素/英寸"；把"模式"设置为"RGB 颜色"，单位为"8 位"；把"背景内容"设置成为"白色"。其他的设置保持不变，如图 8-12 所示。

注意

现在网页大部分是在比 800×600 像素分辨率以上的模式浏览，因此通常制作网页的时候选择此种模式。但是由于浏览器浏览网页的时候采用滚动条，所以浏览者观看到的网页宽度不能到达 800 像素，一般为 780 像素。网页制作中分辨率 72 像素/英寸是最佳设置，这样设计出来的网页效果在显示器中可以看得很清楚。设置值低了会影响观看效果，设置值高了会影响访问的速度。

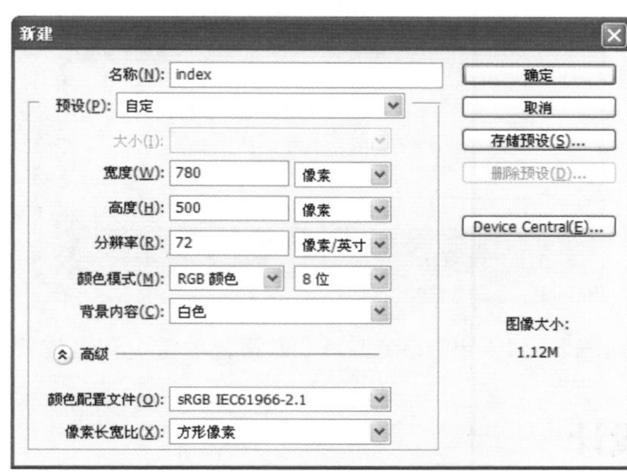

图 8-12　新建文档

STEP 2　设置完成后，单击"确定"按钮。双击工具栏中的"缩放工具"按钮，或者按〈Ctrl+)〉组合键，使场景按 100%的比例显示，此时的效果如图 8-13 所示。

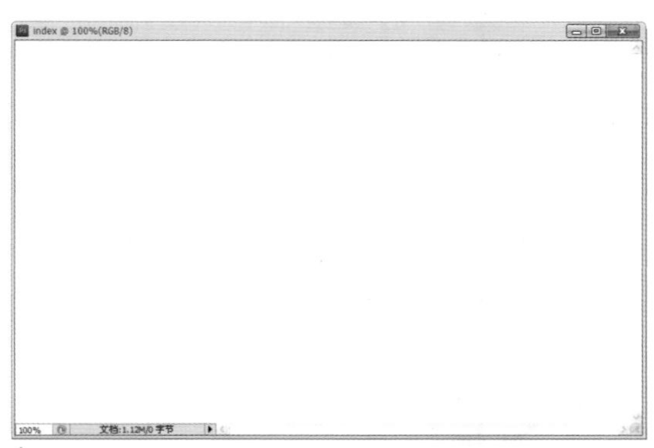

图 8-13　场景 100%显示效果

8.3.3　页面框架的搭建

页面框架搭建，简单的说就是在首页上设计好整体的背景框架效果，以方便后面放置一些实际内容，比如注册系统、新闻系统、网上购物等，下面就实现框架的搭建简单地进行介绍。

在建立了网站首页大小后，在"图层"面板中单击"新建"按钮，新建一个图层，并命名为“背景框架”，单击工具箱中的“矩形选框工具”[icon]，然后拖放鼠标在该图层上绘制如图 8-14 所示的背景效果。如果用户觉得操作比较复杂，可以直接打开光盘中“source /no8 / index”中的背景框架图层效果进行应用。

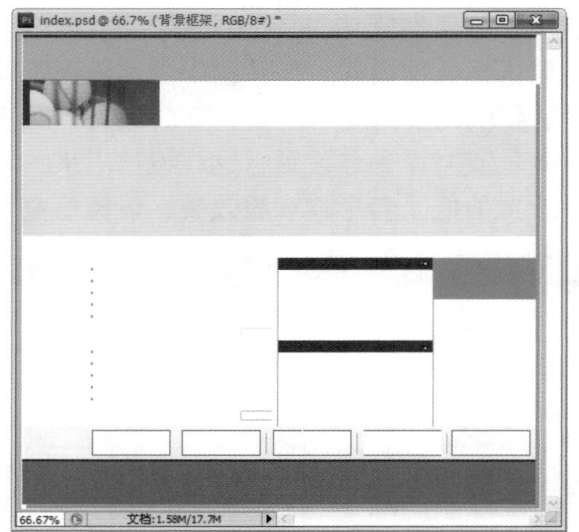

■图 8-14　用 Photoshop CS5 设计的首页背景效果

8.3.4　广告的设计

通常网站制作中，大导航与小导航之间或者之下应该有一个广告（Banner）栏目，其功能主要是给企业自己的网站或者是别的企业进行广告宣传。如果是给自己的网站作宣传，那么应该是对该网站的高度概括。通常 Banner 由 Flash、Fireworks 或者 Dremweaver 等软件来设计实现的，本实例中是一个 Flash 动画，这里在首页设计的时候一般先用背景的图片效果来表示，在 Photoshop CS5“图层”面板中单击“创建新组”按钮[icon]，创建一个新组文件夹并命名为“Banner”，然后在该文件夹里面拖放入 Flash 制作的背景图片，效果如图 8-15 所示。

■图 8-15　建立 Banner 背景效果

8.3.5 小导航的制作

小导航的制作步骤如下：

STEP 1　在 Photoshop CS5“图层”面板中单击“创建新组”按钮，创建一个新组文件夹并命名为“小导航”，单击工具栏中的“横排文字工具”按钮T，单击右上角适当的位置，分别输入“收藏本站”、“联系我们”。字体为“幼圆”，大小为“10 点”，消除锯齿方式为“平滑”，颜色为“FFFFFF”白色。调整各字的距离，在适当的地方加上空格，使它们均匀地分布在横条上，如图 8-16 所示。同时设置出来的小导航如图 8-17 所示。

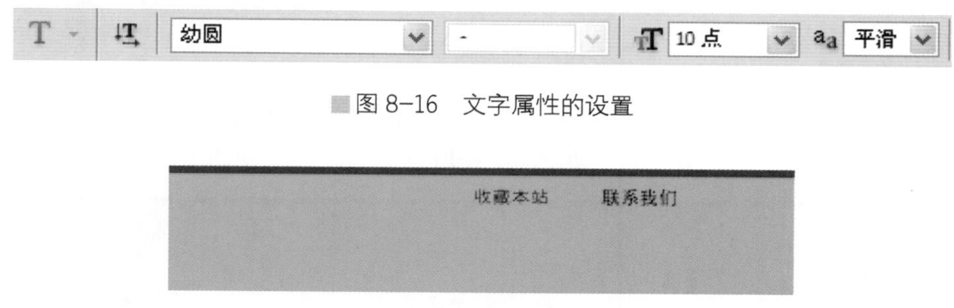

图 8-16　文字属性的设置

图 8-17　小导航的输入内容

STEP 2　文字输完之后，“图层”面板中会自动生成一个文字层。通常可根据用户的不同需要对这些文字设置一些特定效果。接下来就要设置小导航中的线条，在“图层”面板中新建一个图层，名称设为“线条”，这里主要利用 Photoshop CS5 中的椭圆及直线工具设置，其中设置颜色值为#457C00，效果图如 8-18 所示。

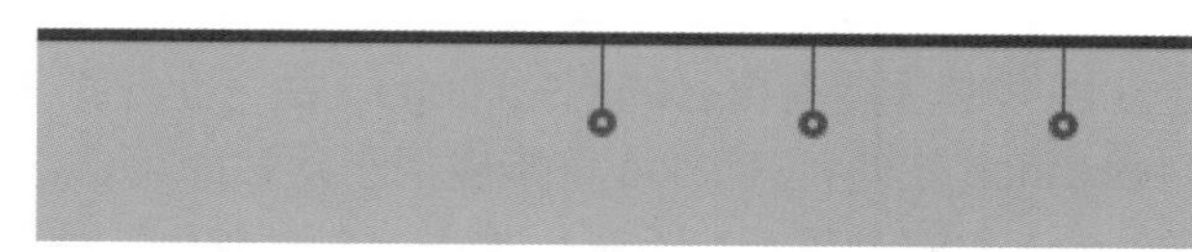

图 8-18　文字背景线条的设计

STEP 3　到这里小导航的设计已完成，这里要把文字层和线条层的距离及位置设计适当，可左右调整文字及线条的具体位置。整体效果如下图 8-19 所示。

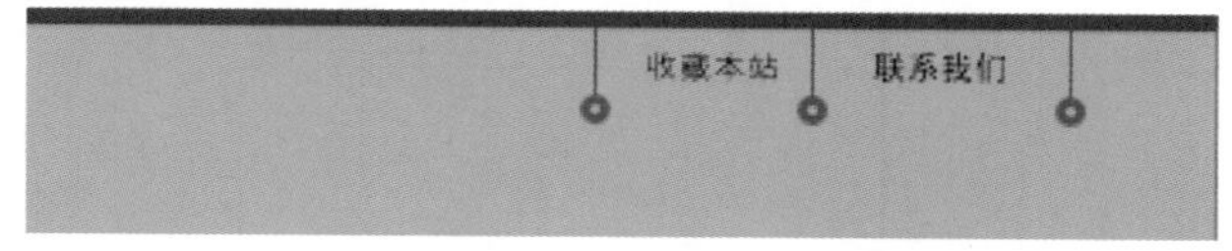

图 8-19　小导航的设计效果

8.3.6 大导航的制作

通常大导航是构成网站的主要框架。把网站中一些重要的内容进行分类，分成几大版块，从而构成导航条。大导航的具体制作步骤如下：

STEP 1　在 Photoshop CS5“图层”面板中单击“创建新组”按钮，创建一个新组文件夹并命名为“大导航”，导航条的内容要根据用户网站的经营业务划分，以本章节中涉及到的实例为参考划分成 8 方面：“公司简介”、“网球培训”、“羽毛球培训”、“体育用品”、“会员服务”、“在线留言”、“招聘信息”及“明星教练”。所以要在“大导航”文件夹里先建立 8 个带格子的背景效果，背景颜色值为#52AF0B，效果如图 8-20 所示。

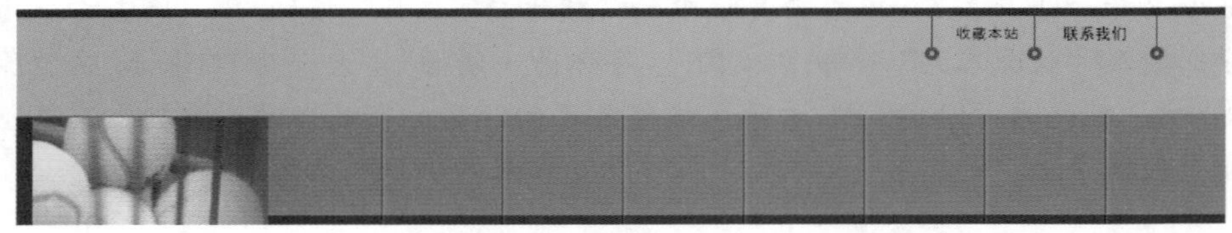

图 8-20　设置大导航背景效果

STEP 2　接下来用文字工具在大导航条上的相应位置分别输入导航菜单的文字内容，字体为“新宋体”，大小为“14 点”，颜色为“FFFFFF”白色，如图 8-21 所示。

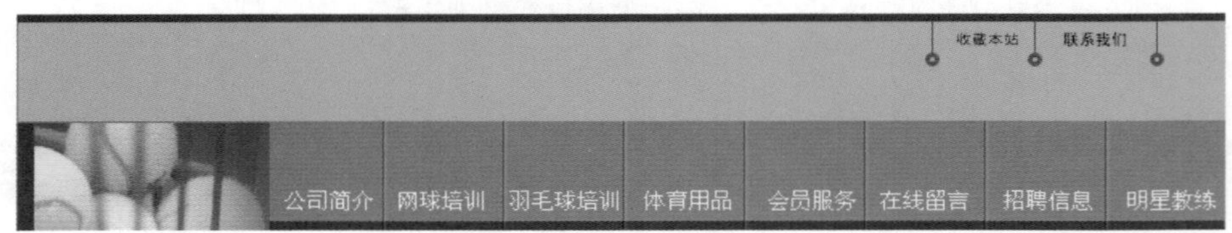

图 8-21　大导航的设计

至此，大导航的界面设计也完成。

8.3.7　版权的设计

通常情况下一个企业网站必须拥有自己的网站 Logo。由于企业都有自己的 Logo，因此在设计网站中只要用 Photoshop 软件打开 Logo 直接应用于网站即可，这里的操作如下：

STEP 1　在 Photoshop CS5“图层”面板中单击“创建新组”按钮，创建一个新组文件夹并命名为“版权”，选择菜单栏上的“文件”→“打开”命令，源于本章节中的实例选择文件“source /no8 /logo.psd”，即选择企业 Logo 文件，打开企业的 Logo，如图 8-22 所示。用“矩形选框工具”选中整个图片，按下快捷键〈Ctrl+C〉复制 Logo。

图 8-22　Logo 的导入

STEP 2　切换到设计中的首页，在适当的位置按下〈Ctrl+V〉组合键粘贴图片。在设计中不可避免地出现用户选择企业 Logo 时，对 Logo 大小的要求是不同的。因此这里提出用一个快捷键的方法：单击工具栏中的“移动工具”按钮，选择 Logo 并按下〈Ctrl+T〉组合键，图片周围出现边框，拖动左下角的方框，注意要同时按住〈Shift〉键，使图片等比例缩小至如图 8-23 所示，并移动到首页的相应位置处。

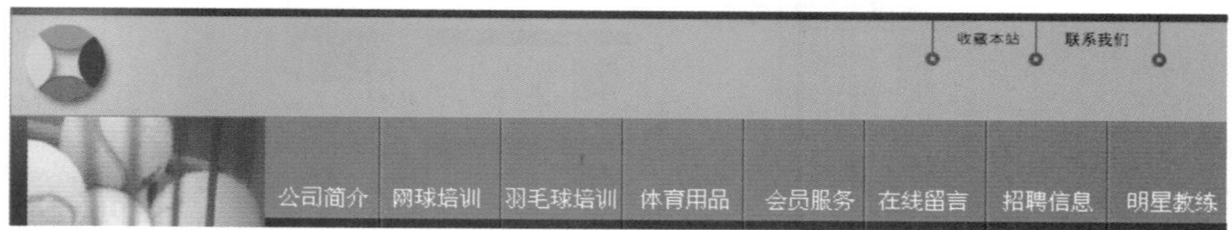

图 8-23　Logo 的大小调整

STEP 3　单击工具栏中的“横排文字工具”按钮T，在 Logo 处输入企业的名称，并在这个页面的最底下输入版权信息，效果如图 8-24 所示。

图 8-24　输入版权文字信息效果

8.3.8　内容的设计

前面所提到的的框架模块区域就是用来安排首页内容的。首页内容是相当重要的，因为访问者进入网站首先看到的是首页，首页上的内容是否精彩在一定程度上会影响访问者是否继续浏览。在首要界面设计中，不需要把各部分的内容完整地加入，只需画出框架。在 Photoshop CS5 “图层” 面板中单击 “创建新组” 按钮，创建一个新组文件夹并命名为 “正页内容”，利用前面介绍的方法，根据用户建设网站的需要输入文字内容并绘制背景效果，完成的正页内容效果如图 8-25 所示。

图 8-25　网页的内容设计效果

8.3.9　友情链接

首页的友情链接等功能也是非常必要的，本实例采用的是其他网站的 Logo 链接来实现，有些大型网站由于网页的版面内容太多所以采用文字链接，这里放置的一些知名网站的 Logo 做为后面链接的效果，设置后的效果如图 8-26 所示。

图 8-26　加入友情链接 Logo 后的整体效果

这样，首页的功能基本上就设计完毕，可以进入下一步的首页图片分割工作。

8.3.10　首页图片的分割

网站首页设计通过前面的步骤已经基本完成，接下来就是对设计好的页面图片进行分割操作。其中图片分割工具包含了一下两个工具：切片工具和切片选择工具。

“切片工具”：使用它可以方便地对图片进行分割了。

“切片选择工具”：通过它可以方便地选取分割好的图片。

注意

当在使用“切片工具”时可以按住〈Ctrl〉键快速切换到“切片选择工具”。

如果在制作的时候没有进行分割处理，浏览的就是整个图片，打开网页的速度就会很慢。在遇到这种问题的时候通常是将图片进行分割处理，在浏览图片的时候就会让图片一部分一部分地出现，实现快速下载。

另外，应该尽量减少图片的使用。网页上的文字浏览速度要比图片快得多，在能够实现同样效果的前提下用文字代替图片将大大提高网站的浏览速度。

下面就开始利用“切片工具”来分割页面。

STEP 1 **打开设计好的页面，切割 Logo，单击工具箱中的“切片工具”，从场景的左上角拉到 Logo 的右下角，如图 8-27 所示，图中绘制虚线框的就是切割大小。**

图 8-27　Logo 的切割

STEP 2 **切割小导航。保持“切片工具”选中状态，从小导航左边的背景开始，分别切割出 3 个线条、“收藏本站”、“关于我们”5 个小块，如图 8-28 所示。**

图 8-28　切割小导航

注意　最好将切割选区的下边框与小导航的线条重合。如果划分切割区域不够准确的话，先用放大镜工具进行放大，再选中分割选取工具进行调整。

STEP 3　切割大导航。保持"切片工具"选中状态，分别切割出网球图片、"公司简介"、"网球培训"等 9 个小块，如图 8-29 所示。

图 8-29　切割大导航

STEP 4　切割 Banner 图片。切割出图片。便于以后的 Flash Banner 操作，如图 8-30 所示。

图 8-30　切割 Banner

STEP 5　切割正页内容。在这里，要把所有图片按网站的功能模块切割开，如图 8-31 所示。

图 8-31　切割正页内容

STEP 6　**最后切割链接 Logo 和版权说明。保持“切片工具”选中状态，在场景的左下角拖动鼠标分割出两个矩形切割区域即可，如图 8-32 所示。**

图 8-32　切割好的效果

第 8 章　网页美工设计

STEP 7 导出网页。到这里，切割工作基本完成。现在，要做就是把它导出为真正的网页。选择菜单栏上的“文件”→“存储为 Web 和设备所用格式”命令，打开“存储为 Web 和设备所用格式”对话框，单击“存储”按钮，打开“将优化结果存储为”对话框，在“文件名”文件框中输入 index.html，在“格式”文件框中选择“HTML 和图像”，如图 8-33 所示。单击“保存”按钮完成保存操作。

■图 8-33 保存文件

STEP 8 打开保存文件的路径，可以看到自动生成了一个 images 的文件夹，文件夹里是前面分割后产生的小图片，由这些小图片组成了首页的效果，在设计的时候可以分别调用这些小图片，如图 8-34 所示。

■图 8-34 分割的小图片

8.3.11 调节网页的图片

如果想让网站的首页与众不同，还要掌握网页颜色模式的使用。现在计算机的应用色彩主要有 RGB、CMYK 和数位色彩，这些色彩模式的选择与网站建设的效果是息息相关的。本节将介绍网页色彩的优化与调节操作。下面就介绍一下如何在 Photoshop CS5 中进行文件“存储预设”，进行网页平面设计的存储预设是 Photoshop CS5 的基本操作，其具体步骤如下：

STEP 1 运行 Photoshop CS5，按〈D〉键将前景色设为黑色，背景色设为白色。

STEP 2 选择菜单栏上的“文件”→“新建”命令，打开“新建”对话框，在对话框中输入设置参数：“名称”输入为“index”，“宽度”为“780 像素”，“高度”为“500 像素”，“分辨率”为“72 像素/英寸”，“颜色模式”为“RGB 颜色、8 位”，“背景内容”为“白色”，其他设置保持默认值，如图 8-35 所示。

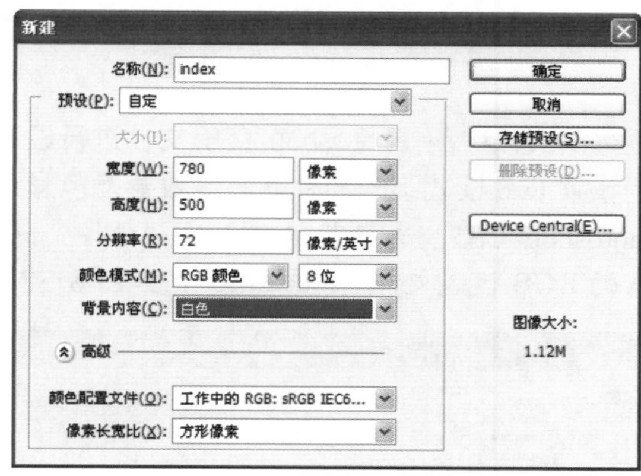

图 8-35 新建文档对话框

STEP 3 单击对话框上的“储存预设”按钮，弹出“新建文档预设”对话框，在“包含于存储设置中”选项组中，选择所有的复选框，如图 8-36 所示。

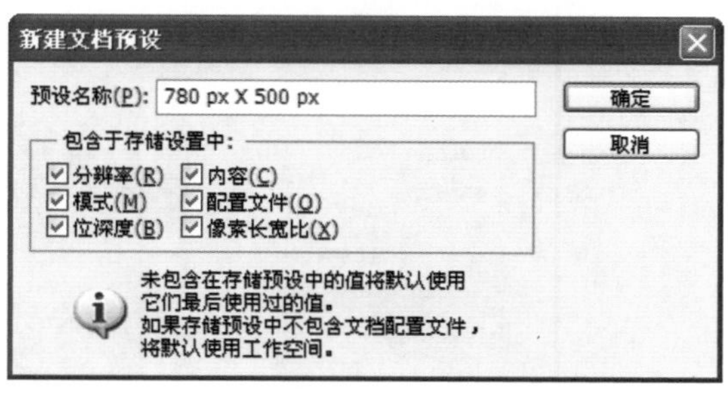

图 8-36 设置“新建文档预设”对话框

STEP 4 设置完成后单击“确定”按钮，即将 RGB 模式作为预设的模式操作，下次应用的时候只需运行 Photoshop CS5，打开“新建”对话框，单击“预设”后面的下拉按钮 ，打开下拉菜单，可以看到刚才保存的 index.psd 文件已经保存在下拉列表中，只需直接选择该项就可以快速建立 RGB 格式的文件，如图 8-37 所示。

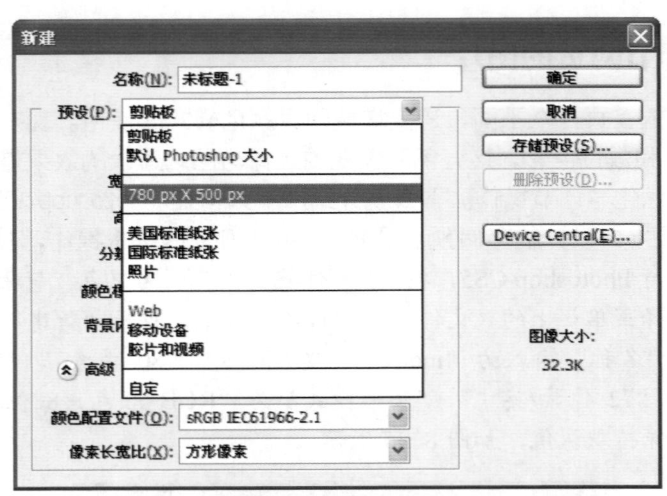

■图 8-37　设置后的效果

接下来就可以在设置好的文件中用 Photoshop CS5 文件进行设计，这里调出前面设计好的首页效果，并介绍如何设置 RGB 模式下的图片光亮度效果及色彩调节的操作。

STEP 1　运行 Photoshop CS5，选择菜单栏上的“文件”→“打开”命令，在“打开”对话框中选择设计好的 RGB 模式文件“index.psd”，如图 8-38 所示。

■图 8-38　选择要打开的文件

STEP 2　单击对话框上的“打开”按钮，打开设计好的网页首页平面效果，如图 8-39 所示。

■图 8-39　打开的首页平面效果

STEP 3　在该网页后的应用中，需要建立这样一个动作，即当鼠标经过大导航时，背景的默绿色要变成浅绿色，这样可以实现一个动态效果，这在 Dreamweaver CS4 中用鼠标经过替换图片的功能就可以实现，但在这里要预先进行 RGB 值的调节，让大导航的背景亮起来。因此首先要选择“大导航”文件夹中的“导航背景”图层，如图 8-40 所示。

■图 8-40　选择“导航背景”图层

STEP 4　选择菜单栏上的“图像”→“调整”→“亮度/对比度”命令，打开“亮度/对比度”对话框，在“亮度”文本框中输入 40，在“对比度”文本框中输入 10，如图 8-41 所示。

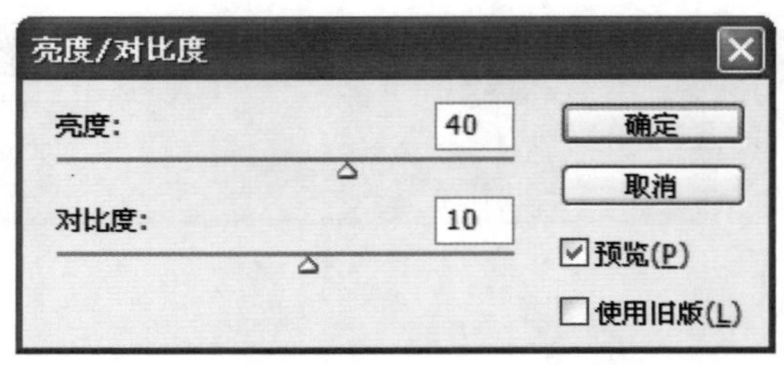

■图 8-41　设置“亮度/对比度”对话框

STEP 5　设置完成后，单击“确定”按钮，调整后的效果如图 8-42 所示。可以明显看出大导航背景要比原图亮一些。调节好后再切割这些导航效果，另存这些小图片以方便备用。

■图 8-42　调节后的效果

STEP 6　在设计好的色彩基础上，可能还会希望通过调节整体平面颜色的效果来达到自己的要求，这在 Phothsop CS5 中可以用一个命令来快速实现，以达到要求。接步骤 4 的操作，选择菜单栏上的“图像”→“调整”→“色彩平衡”命令，打开“色彩平衡”对话框，如图 8-43 所示。这里可以调节“色彩平衡”对话框中不同的色阶值以达到要求，也可以通过拉动色块按钮，完成调节要求，调节后单击“确定”按钮即可完成设置。

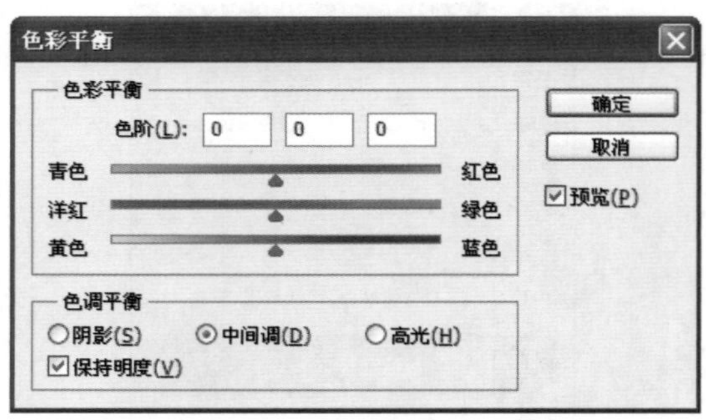

■图 8-43　“色彩平衡”对话框

8.3.12　图片模式转换

在网站建设过程经常遇到这样的问题，公司用来印刷的宣传资料是 CMYK 模式的，但想把一些有用的资料应用到网站上那要怎么处理呢？利用 Photoshop CS5 可以轻松地实现。

下面以实例操作来说明 CMYK 模式的图片转换成 RGB 模式图片的方法。

STEP 1　其中设计的 Banner 背景图片原来就是一张用来印刷的图片，模式为

CMYK，为了应用到 index.psd 中需要先进行转换。运行 Photoshop CS5，选择菜单栏上的“文件”→“打开”命令，在“打开”对话框中选择宣传资料文件“banner.psd”（该文件在光盘中也有附件），单击“打开”按钮，如图 8-44 所示。

■图 8-44　选择要打开的文件

STEP 2　打开后可以在 Photoshop CS5 的标题栏中看到文件模式为：CMYK/8，如图 8-45 所示。如果把该图片直接应用于网站上，通过 IE 是看不到该图片的，所以必须先进行转换。

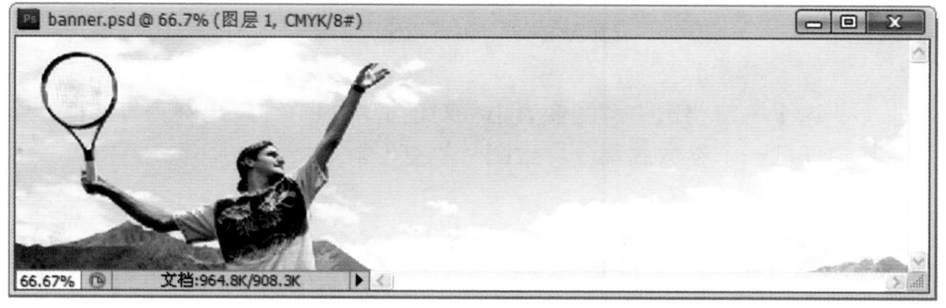

■图 8-45　打开 CMYK 模式的图片

STEP 3　选择菜单栏上的“图像”→“模式”→“RGB 颜色”命令，如图 8-46 所示。这样就把该宣传资料转换成 RGB 模式。

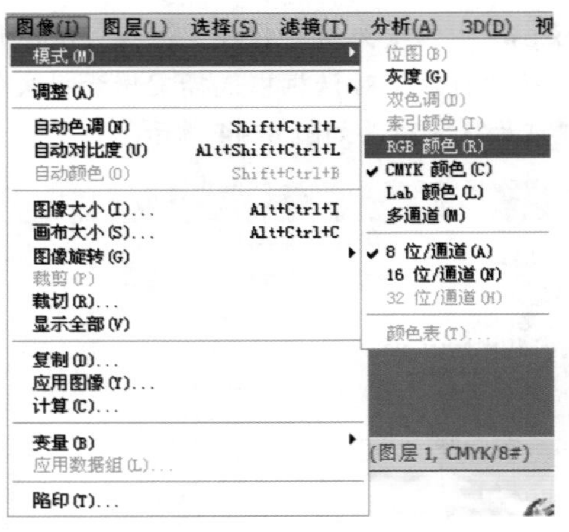

图 8-46 转换图片模式

STEP 4 **转换后的文档窗口并不符合网页制作的要求，还要处理它的分辨率及大小，选择菜单栏上的"图像"→"图像大小"命令，弹出"图像大小"对话框，在"文档大小"栏下的"分辨率"文本框中修改合适的值，这里"宽度"是"26.53 厘米"，"高度"是"7.1 厘米"。在"分辨率"文本框中修改为"72 像素/英寸"，其他设置保持默认值，如图 8-47 所示。**

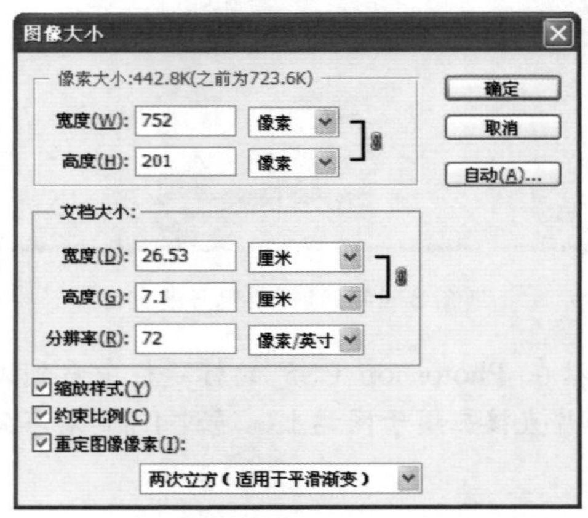

图 8-47 设置图像大小

注意

这里一定要选中"图像大小"对话框中的"约束比例"复选框，否则修改其中任何一个参数后都会导致图片的变形。

STEP 5 **单击"确定"按钮，完成图像大小的设置，最后保存设置，然后再将该图片应用到页面当中。**

8.3.13 透明背景图片

这里最常用的操作就是设置 Photoshop CS5 中的索引颜色模式，它能够保存透明图层，生成只保存图像外轮廓的 GIF 格式图片，这对于保存网页的整体背景效果起到了关键性作用。

下面以 Banner 中加入卡通人物为例来说明该操作。

STEP 1　**一般使用的数码图片是 JPG 格式的数位图片，背景比较乱，所以要把背景去掉。打开 Photoshop CS5，选择菜单栏上的“文件”→“打开”命令，在“打开”对话框中选择该文件“renwu.jpg”，单击“打开”按钮，如图 8-48 所示。**

STEP 2　**打开文件后，单击“图层“选项卡，用鼠标右键单击“背景”图层，在弹出的右键快捷菜单中选择“复制图层”命令，如图 8-49 所示。**

图 8-48　选择要打开的文件

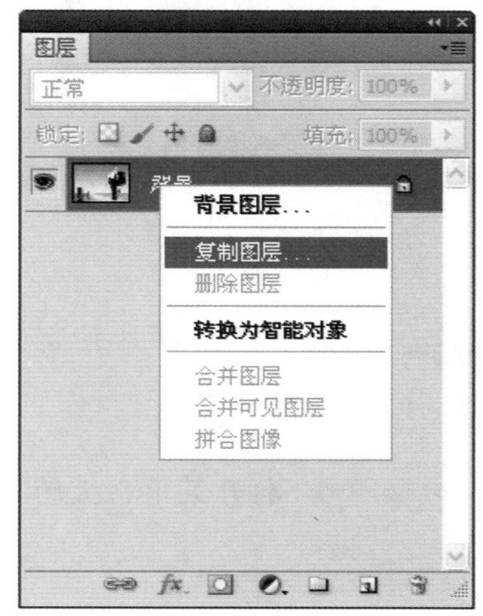

图 8-49　复制图层命令

STEP 3　**打开“复制图层”对话框，保持默认值，如图 8-50 所示。单击“确定”按钮，完成背景图层的复制，如图 8-51 所示。**

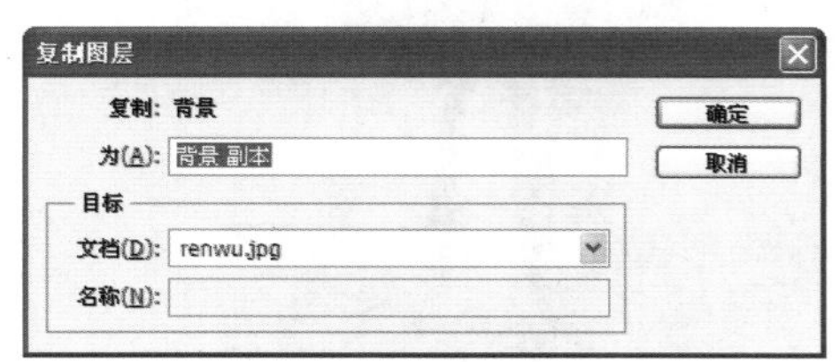

图 8-50　“复制图层”对话框

图 8-51　复制后的“图层”面板

STEP 4　**单击“背景”图层，再单击图层面板上的“删除”按钮，把背景图层删除，然后在背景副本图层上进行编辑。单击工具栏中的“多边形套索工具”，把人物的整体轮廓选择上，这时选择后的轮廓会有浮动的虚线，效果如图 8-52 所示。**

■图 8-52　选择人物的外轮廓

说明

在选择外轮廓的时候，可以先放大局部再进行选择，这样能保持图像的完整性。

STEP 5　**打开菜单栏上的“选择”→“反选”命令，选择轮廓以外的部分，如图 8-53 所示。**

■图 8-53　反选选区效果

STEP 6　**然后按〈Delete〉键就可以删除多余的背景图像，删除后的背景是透明的效果，如图 8-54 所示。**

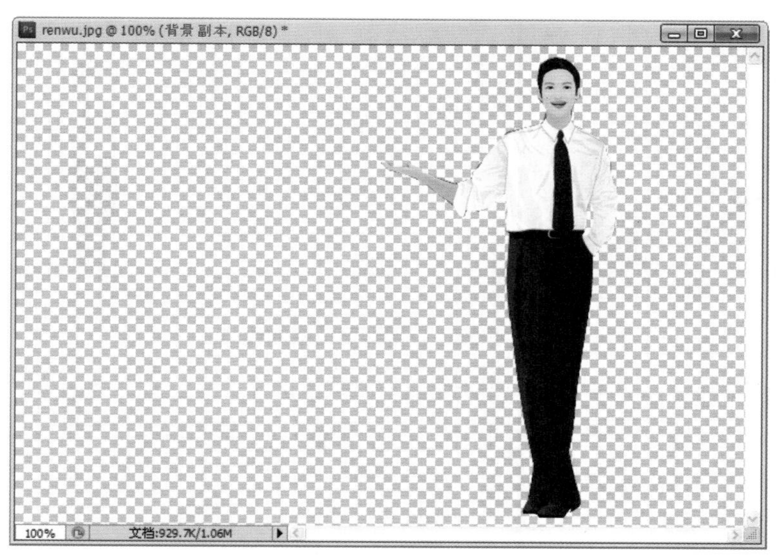

图 8-54　删除后的效果

STEP 7　选择菜单栏上的“图像”→“模式”→“索引颜色”命令，弹出“索引颜色”对话框，这里一定要选中“透明度”复选项，如图 8-55 所示。

STEP 8　设置后单击“确定”按钮，选择菜单栏上的“文件”→“存储为”命令，弹出“存储为”对话框，在“文件名”文本框中输入要保存的文件名，在“模式”下拉菜单中选择“CompuServe GIF(*.GIF)”选项，如图 8-56 所示。

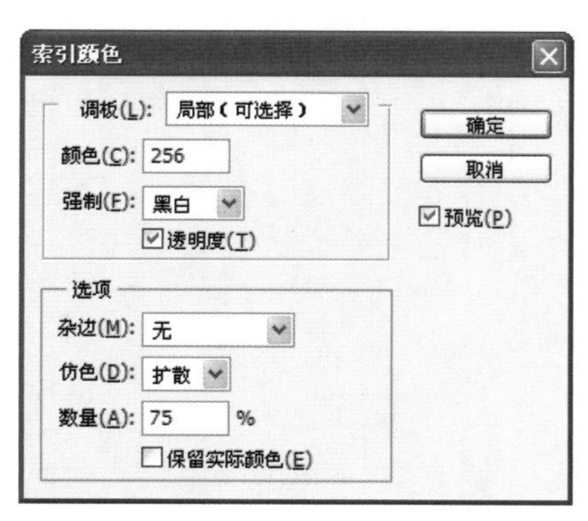

图 8-55　设置“索引颜色”对话框

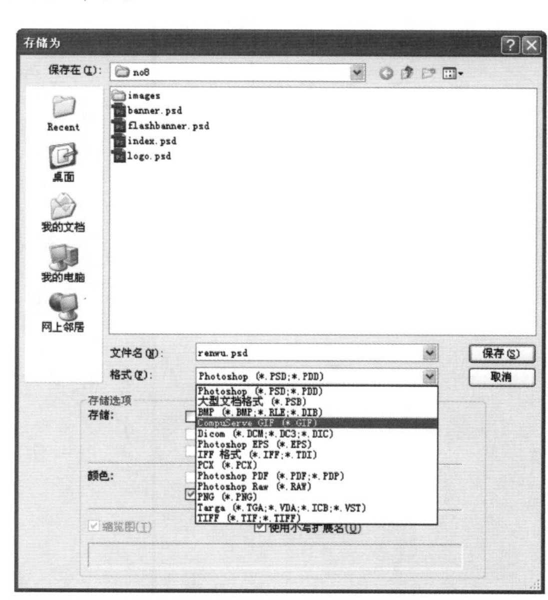

图 8-56　保存文件

STEP 9　这样就完成保存为 GIF 格式的图片设置，在 Banner 制作中插入该图片就只看到图片的人物效果，如图 8-57 所示。

图 8-57　应用到页面中的效果

首页设计到此就全部结束了，但对于网站的建设来说，这只是一个开始。网站首页的设计步骤基本上大同小异，希望读者在制作之前多看看其他成功的作品，上网多浏览，一定也可以做出让人称绝的首页设计作品。

机工出版社·计算机分社读者反馈卡

尊敬的读者：

感谢您选择我们出版的图书！我们愿以书为媒，与您交朋友，做朋友！

参与在线问卷调查，获得赠阅精品图书

凡是参加在线问卷调查或提交读者信息反馈表的读者，将成为我社书友会成员，将有机会参与每月举行的"书友试读赠阅"活动，获得赠阅精品图书！

读者在线调查： http://www.sojump.com/jq/1275943.aspx

读者信息反馈表（加黑为必填内容）

姓名：	性别：☐ 男　☐ 女	年龄：	学历：
工作单位：			职务：
通信地址：			**邮政编码：**
电话：	**E-mail：**	QQ/MSN：	
职业（可多选）：	☐管理岗位 ☐政府官员 ☐学校教师 ☐学者 ☐在读学生 ☐开发人员 ☐自由职业		
所购书籍书名		所购书籍作者名	
您感兴趣的图书类别（如：图形图像类，软件开发类，办公应用类）			

（此反馈表可以邮寄、传真方式，或将该表拍照以电子邮件方式反馈我们）。

联系方式

通信地址：北京市西城区百万庄大街 22 号
计算机分社
邮政编码：100037

联系电话：010-88379750
传　　真：010-88379736
电子邮件：cmp_itbook@163.com

请关注我社官方微博：　http://weibo.com/cmpjsj

第一时间了解新书动态，获知书友会活动信息，与读者、作者、编辑们互动交流！